入門 SPSSによる
心理・調査データ解析

小塩真司 著

東京図書

◆本書では，IBM SPSS Statistics 29，IBM SPSS Amos 29 を使用しています．

これらの製品に関する問い合わせ先：
〒 103-8510 東京都中央区日本橋箱崎町 19-21
日本アイ・ビー・エム株式会社　クラウド事業本部 SPSS 営業部
Tel.03-5643-5500　Fax.03-3662-7461
URL　https://www.ibm.com/jp-ja/spss

なお，いくつかの分析においては IBM SPSS Statistics のオプション・モジュールが必要になります（詳細は上記にお問合せください）．

◆統計記号などの表記法は，各学会で定められた表記によって若干異なる点があります．日本語で心理学の論文やレポートを作成する際には，日本心理学会（https://psych.or.jp/）による『執筆・投稿の手びき』を，英語で作成する際にはアメリカ心理学会による "Publication Manual of the American Psychological Association" を参照することをお勧めします．

◎本書で扱っているデータは，東京図書 Web サイト（http://www.tokyo-tosho.co.jp）本書の紹介ページから，SPSS データ形式（*.sav）でダウンロードすることができます．

⬜R〈日本複製権センター委託出版物〉
本書を無断で複写複製（コピー）することは，著作権法上の例外を除き，禁じられています．
本書をコピーされる場合は，事前に日本複製権センター（電話：03-3401-2382）の許諾を受けてください．

まえがき

　社会のなかのあらゆる場面で，データ分析を行うスキルが求められています。その背景には，統計手法や技術の進歩，インターネットの普及などを背景にしてデータが入手しやすくなってきたこと，さまざまな場面で統計的なエビデンスに基づいて意思決定を行う場面が増えてきたことなどを挙げることができます。また，ニュースや新聞記事にも統計的な結果に基づいた内容が報道されます。自分自身も，政策や教育，企業のなかでその判断の影響を受けます。今の社会で生きていくうえで，統計的な素養をもつことはとても大切です。

　本書は，統計処理パッケージ IBM SPSS Statistics を用いて，統計的な分析の初歩を学ぶことを目的としています。これまで多く刊行されてきた SPSS のテキストは，分析手法別にセクションが整理されています。しかし，分析どうしの関係のイメージをつかむことが難しい場合があります。本書では，よりうまくデータや分析の感覚をつかむために，これまでとは少し異なる枠組みで内容を構成しました。

　最初に基本的な知識を簡単に見ていきたいと思います。

　次に，ひとつの変数を分析する手法を見ていきます。平均値や標準偏差など，基本的な統計量を出力する方法を確認しましょう。

　そして，ふたつの変数の分析へと移ります。ふたつの変数の分析は，「関係」を表現することを意味します。さらに，線形関係と非線形の関係に中身を分けて整理していきます。

　3つの変数の分析になると，さらに複雑な関係を表現することができるようになります。あるひとつの変数に対して，残りのふたつの変数がそれぞれ独自に説明する関係になることもあれば，組み合わせることで説明する関係になることもあります。

　そして，より多くの変数を整理する分析手法へと進んでいきます。ここでは主に，因子分析について見ていきます。

　本書では単に読むだけでなく，実際にデータを分析し，手を動かしながら学んでいくこ

とを想定しています。最初はよくわからないところも多いかと思いますが，実際に体験しながら分析方法を身につけていってください。

　本書の完成には，東京図書株式会社の松井　誠氏のご尽力が不可欠でした。なかなか執筆に取りかかることができない私の状況にも辛抱強くお待ちいただき，多くのサポートをしていただいたことに心より感謝申し上げます。

　本書が多くの方の手に取っていただけることを期待しています。

2024 年 5 月

小塩真司

まえがき　iii

第0章　分析の前に　1

- 1　数字で考えること ……………………………………………………… 2
- 2　尺度水準 ………………………………………………………………… 3
- 3　数字の変換 ……………………………………………………………… 4
- 4　データのかたち ………………………………………………………… 5

第1章　SPSSの起動とデータの準備 <SPSSの基本>　7

- 1-1　SPSSの起動 ………………………………………………………… 8
- 1-2　変数の設定 …………………………………………………………… 11
  - 1-2-1　変数に名前をつける　11
  - 1-2-2　変数の型を指定　13
  - 1-2-3　ラベルをつける　14
  - 1-2-4　値ラベルをつける　15
  - 1-2-5　欠損値について　17
  - 1-2-6　尺度水準の指定　18
- 1-3　データの入力 ………………………………………………………… 23

第2章　ひとつの変数の分析 <記述統計／度数分布>　25

- 2-1　得点分布 ……………………………………………………………… 26
  - 2-1-1　分析の指定　26
  - 2-1-2　結果の出力　28
  - 2-1-3　性別でグラフを描く　28
  - 2-1-4　分析の指定　29

v

	2-1-5	結果の出力	31

2-2 記述統計量 ································ 32

	2-2-1	分析の指定	32
	2-2-2	結果の出力	35

2-3 度数分布 ···································· 37

	2-3-1	分析の指定	37
	2-3-2	結果の出力	39

2-4 比率を表現する ························· 41

	2-4-1	分析の指定	41
	2-4-2	結果の出力	43

第3章 ふたつの変数の分析（関連）＜相関／t検定／クロス集計＞　45

3-1 使用するデータ ························· 46

3-2 ふたつの変数間の相関係数を算出する ·········· 47

	3-2-1	分析の指定	47
	3-2-2	結果の出力	51

3-3 多くの相関係数を一度に出力する ············ 53

	3-3-1	分析の指定	53
	3-3-2	結果の出力	54

3-4 散布図を描く ····························· 57

	3-4-1	分析の指定	58
	3-4-2	結果の出力	59

3-5 t検定 ····································· 62

	3-5-1	グループ化	62
	3-5-2	対応のないt検定の分析指定	66
	3-5-3	結果の出力	68

3-6 2×2のクロス集計 ···················· 70

	3-6-1	満足度のグループ分け	70
	3-6-2	クロス集計の分析指定	73
	3-6-3	結果の出力	76
	3-6-4	性別と孤独感	77

3-7 相関・t検定・クロス集計 ·············· 79

3-8　サンプルサイズについて ································· 82

第4章 ふたつの変数の分析（くり返し・非線形） 85
＜回帰分析／1要因の分散分析＞

4-1　用いるデータ ····································· 86
4-2　対応のある *t* 検定 ································· 87
   4-2-1　分析の指定 　　　　　　　　　　　　　　88
   4-2-2　結果の出力 　　　　　　　　　　　　　　90
4-3　回帰分析 ······································· 91
   4-3-1　分析の指定 　　　　　　　　　　　　　　91
   4-3-2　結果の出力 　　　　　　　　　　　　　　92
4-4　曲線的な関係を分析する ·························· 96
   4-4-1　分析の指定 　　　　　　　　　　　　　　96
   4-4-2　結果の出力 　　　　　　　　　　　　　　98
4-5　3グループ以上の間の平均値の差 ················· 100
   4-5-1　好奇心のグループ化 　　　　　　　　　 100
   4-5-2　1要因の分散分析 　　　　　　　　　　 105
   4-5-3　結果の出力 　　　　　　　　　　　　　108

第5章 3つの変数の分析 ＜相関係数／重回帰分析＞ 113

5-1　使用するデータ ································· 114
5-2　記述統計量と相関係数 ··························· 115
   5-2-1　分析の指定 　　　　　　　　　　　　　115
   5-2-2　結果の出力 　　　　　　　　　　　　　115
5-3　重回帰分析 ···································· 116
   5-3-1　分析の指定 　　　　　　　　　　　　　117
   5-3-2　結果の出力 　　　　　　　　　　　　　118
5-4　偏回帰係数 ···································· 121
   5-4-1　共感性を統制した際の自己中心性と攻撃性との偏相関係数 　121
   5-4-2　自己中心性を統制した際の共感性と攻撃性との偏相関係数 　122

目　次　vii

5-5	2 要因の分散分析	123
	5-5-1　高群と低群の分割	123
	5-5-2　分析の指定	125
	5-5-3　結果の出力	128
5-6	媒介する様子を描く	131
	5-6-1　回帰分析	132
	5-6-2　重回帰分析	133
	5-6-3　まとめる	135

第6章　3つの変数の分析（交互作用）＜2要因の分散分析＞　　137

6-1	組み合わせの効果	138
6-2	データの準備	143
6-3	分析の準備	145
6-4	2 要因の分散分析	147
	6-4-1　分析の指定	147
	6-4-2　結果の出力	148
6-5	重回帰分析で交互作用を検討する	154
	6-5-1　分析の準備	155
	6-5-2　階層的重回帰分析	156
	6-5-3　結果の出力	157
	6-5-4　単純傾斜検定	159
6-6	調整変数	162

第7章　多くの変数の分析 ＜因子分析①＞　　165

7-1	因子分析のイメージ	166
7-2	因子分析	169
	7-2-1　因子分析の前に	170
	7-2-2　因子分析	174
	7-2-3　結果の出力	178
	7-2-4　結果と表	183

7-3 内的整合性の検討 ‥‥‥‥‥‥‥‥‥‥‥‥‥‥‥‥‥‥‥‥‥‥ 185

    7-3-1 α係数   185

7-4 得点の算出 ‥‥‥‥‥‥‥‥‥‥‥‥‥‥‥‥‥‥‥‥‥‥‥‥‥‥ 188

第8章 多くの変数の分析（応用編）＜因子分析②＞　　191

8-1 データの準備 ‥‥‥‥‥‥‥‥‥‥‥‥‥‥‥‥‥‥‥‥‥‥‥‥ 193

8-2 得点の確認 ‥‥‥‥‥‥‥‥‥‥‥‥‥‥‥‥‥‥‥‥‥‥‥‥‥ 195

8-3 得点分布の確認 ‥‥‥‥‥‥‥‥‥‥‥‥‥‥‥‥‥‥‥‥‥‥ 197

8-4 因子分析（因子数の目安を見つける）‥‥‥‥‥‥‥‥‥‥‥‥ 198

8-5 因子分析（因子数を決定する）‥‥‥‥‥‥‥‥‥‥‥‥‥‥‥ 200

    8-5-1 3因子の場合   201

    8-5-2 5因子の場合   204

    8-5-3 8因子の場合   207

8-6 因子分析（最終）‥‥‥‥‥‥‥‥‥‥‥‥‥‥‥‥‥‥‥‥‥ 210

8-7 ここから ‥‥‥‥‥‥‥‥‥‥‥‥‥‥‥‥‥‥‥‥‥‥‥‥‥‥ 219

索引　　221

◎装幀：高橋　敦（LONGSCALE）

1 数字で考えること

世の中の現象の多くは**数字**で表現されます。

数を数えたり，時間を計ったり，距離や長さを測ったり，重さを量ったりすると，数字が手に入ります。朝起きる時刻，睡眠時間，通勤までの距離や時間，働いている時間，ランチの品数，摂取カロリー，スマホの通知の数，登録しているアプリの数，ゲームの中で課金している金額など，毎日の生活の中では数字があふれています。

また，物事や現象を数字に置き換えることもあります。オリンピックの競技にも，選手の演技に得点をつけるものがあります。漫才やコント，演劇の大会でも審査員が得点をつけて評価する場合があります。

さらに，数字を別の数字に置き換えたり加工したりすることもあります。コンクールで複数の審査員が得点をつけた場合，それらを合計します。また，合計された得点にもとづいて，演者に順位がつけられます。この「順位」も数字で表現されます。

身近なところでは，学校の中でテストが行われ，テストの結果に得点がつけられます。テストの中に出てくるひとつひとつの問題に設定された得点は小さなもの（1点や2点，5点など）なのですが，ある教科の得点を合計すると100点満点のうち何点の得点を得たのかという数字になります。そして，コンクールと同じように，テストを受験した生徒たちの中で，得点が高い順に順位がつけられることもあります。やはりこの順位も数字です。

このテストを受験した生徒たち全体の平均値とばらつきの指標である標準偏差が計算されると，各個人のテストの得点から偏差値を計算することもできます。受験をする時によく参照する偏差値です。やはりこれも数字で表現されます。

私たちのまわりは数字であふれています。そして，これらの数字をまとめ，そこから意味のある知見（知識）を見出そうとしている人々が世界中に数多く存在しています。本書で説明される統計的な分析手法は，そのほんの入り口となるものです。

2　尺度水準

　何かを測定するというのは，**規則**に従って数字を割り当てていくことを指します。そして，数字と意味との間の対応関係のルールのことを**尺度**（**scale**）と言います。なお心理学では，複数の質問項目と回答の選択肢によって何かを測定する道具のことも尺度（**心理尺度**）と呼ぶことがあります。

　尺度には尺度水準と呼ばれる，数字と意味との対応関係の分類があります。①**比率尺度**，②**間隔尺度**，③**順序尺度**，④**名義尺度**の4水準です[i]。この順番で，比率尺度に近づくほど高い尺度水準，名義尺度に近づくほど低い尺度水準と呼ぶことがあります。高い尺度水準は多くの意味を持ち，低い尺度水準は意味が少なくなります。

水準名	意味	イメージ	例
① 比率尺度	数字が区別を表す 数字に大小関係 数字の間隔が等しい ゼロに意味がある	$0 \leqq 1 \leqq 2 \leqq 3$	長さ 重さ 絶対温度（K）など
② 間隔尺度	数字が区別を表す 数字に大小関係 数字の間隔が等しい	$1 \leqq 2 \leqq 3$	気温（摂氏，華氏） 知能指数 学力試験 心理尺度など
③ 順序尺度	数字が区別を表す 数字に大小関係	$1 < 2 < 3$	試験の順位 競技の順位など
④ 名義尺度	数字が区別を表す	$1・2・3$	電話番号 誕生日 学籍番号など

---

[i] Stevens, S. S. (1946). On the Theory of Scales of Measurement. *Science*, 103(2684), 677-680. https://doi.org/10.1126/science.103.2684.677

3 数字の変換

4つの尺度水準（①比率尺度，②間隔尺度，③順序尺度，④名義尺度）は，同じ尺度水準どうし，また高い尺度水準から低い尺度水準に変換することはできますが，低い尺度水準から高い尺度水準への変換はできないと考えておくとよいでしょう。では，どのように変換するのでしょうか。

(例1) 個人の年収額（比率尺度）を，所得税の税率段階に基づいて複数のレベルにわける。195万円以下に1点，195万円以上330万円未満に2点，330万円以上695万円未満に3点，695万円以上900万円未満に4点，900万円以上1800万円未満に5点，1800万円以上4000万円未満に6点，4000万円以上に7点を割り当てる（順序尺度または間隔尺度とみなして分析を進める場合もある）。

(例2) 年間の税収額（比率尺度）が高い順に都道府県を並べ，順位の数字（順序尺度）を割り当てる。

(例3) 数学のテスト得点（間隔尺度）が高い順に生徒をならべ，順位の数字（順序尺度）を割り当てる。

(例4) 国語のテスト得点（間隔尺度）の平均値と標準偏差から，各受験生の偏差値（間隔尺度）を計算して各個人に割り当てる。

(例5) 高校3年生男子を身長で分類する。平均身長170 cmより高い人々を「高身長群」，低い人々を「低身長群」とし，高身長群に2点，低身長群に1点を割り当てる（名義尺度）。

(例6) 外向性の心理尺度得点（間隔尺度）の平均値よりも高い人々を「外向型」，低い人々を「内向型」とし，外向型に1点，内向型に0点を割り当てる（名義尺度）。

(例7) 人々を外向性と情緒安定性の高低で4群に分類する。外向性の平均値と情緒安定性の平均値を算出し，外向性と情緒安定性がともに低い「不健康群」に1点，外向性が高く情緒安定性が低い「外向不安定群」に2点，外向性が低く情緒安定性が高い「内向安定」群に3点，外向性と情緒安定性がともに高い「外向安定」群に4点を割り当てる（名義尺度）。

4 データのかたち

SPSSの**データ**は，縦方向にケース（たとえば人），横方向に変数（たとえば質問項目への回答）が並びます。ケースという言葉には，「事例」「実例」という意味があります。これはある人から得られたデータのことだと考えてください。変数というのは，数字のいれ物や数字が入る箱をイメージするとよいでしょう。

ある一人から複数の変数を入手した場合，横方向に変数が増えていくことになります。またデータを得た対象が増えれば，下方向にデータが増えていくことになります。

	変数1	変数2	変数3	変数4	変数5	変数6・・・・・
ケース1						
ケース2						
ケース3				ケース3のデータ		
ケース4			変数3のケース			
ケース5						
・						
・						

SPSSの［データ(D)］メニューの中に，［ファイルの結合(G)］があり，そのなかには［ケースの追加(C)］と［変数の追加(V)］があります。どちらの方向にデータが追加されるのか，イメージしておくとよいでしょう。

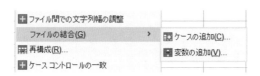

第 **1** 章

SPSS の起動とデータの準備
＜ SPSS の基本＞

1-1　SPSSの起動

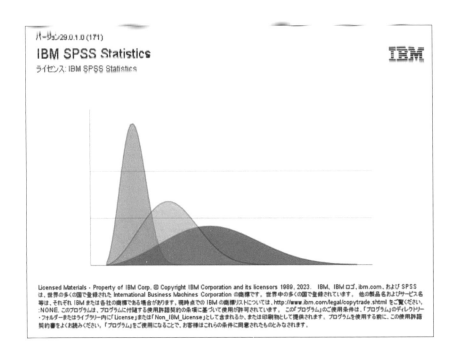

　まず，SPSSを起動してみましょう。「IBM SPSS Statistics へようこそ」のウィンドウが表示されるので右下の［閉じる］をクリックしてウィンドウを閉じます。

　ふたつのウィンドウが表示されます。

◎ビューア

　ひとつは「IBM SPSS Statistics ビューア」です。このウィンドウに，データの処理や分析の手続きや結果が表示されます。

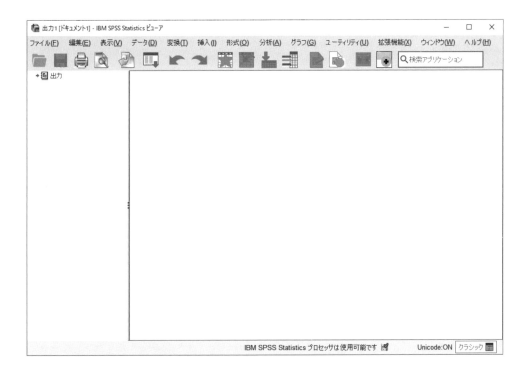

◎データエディタ

　もうひとつのウィンドウは「IBM SPSS Statistics データエディタ」です。

　データエディタにはデータビューと変数ビューがあります。

こちらがデータビューです。縦方向にケース，横方向に変数が並ぶかたちになっていることを確認しましょう。

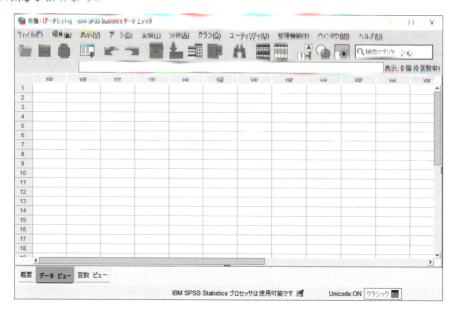

こちらが**変数ビュー**です。変数ビューでは，縦方向に変数が並びます。

1-2 変数の設定

SPSSにデータを入力する場合，まずは変数ビューで変数に名前をつけます。そのあとでデータビューを開き，データ（記号や数字）を入力していきます。

1-2-1 変数に名前をつける

まず，変数ビューを開きましょう。

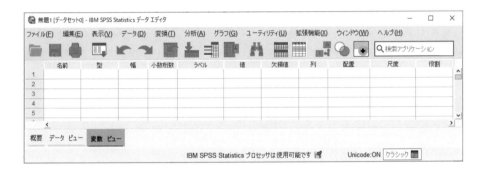

左から，［名前］［型］［幅］［小数桁数］［ラベル］［値］［欠損値］［列］［配置］［尺度］［役割］という項目が並んでいます。

1番左上，［名前］の項目の下のセルをクリックします。ここにIDと入力しましょう。変数を入力すると，右側の項目にも自動的に内容が入力されていきます。

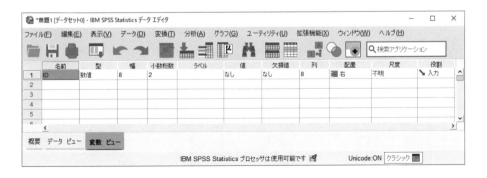

変数名には何でも入力できるわけではありません。次のような規則がありますので，注意してください。

〈変数名の規則〉
- 変数名は重複できません。同じ名前を2回使わないでください。
- 変数名の最大は半角で64文字，全角文字で32文字を超えないようにしましょう。分析の際に煩雑になりますので，できるだけわかりやすくシンプルな変数名を考えてください。
- 空白文字（スペース）は変数名に使えません。
- 半角文字のピリオド（.），アンダーバー（_），$, #, @ を変数名に使用することができます。
- 変数名の先頭にはピリオド（.）を使うことはできません。
- 変数名最後のピリオド（.）やアンダーバー（_）は，SPSSのコマンド（スクリプト）の解釈上の危険性がありますので避けましょう。
- 使用できない文字を変数に使おうとすると，警告が表示されます。

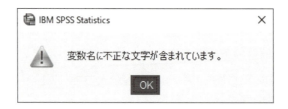

変数 ID の下に，SEX，AGE と変数を入力しましょう。

	名前	型	幅	小数桁数
1	ID	数値	8	2
2	SEX	数値	8	2
3	AGE	数値	8	2

1-2-2 変数の型を指定

　データエディタの変数ビューの名前の横，型のセルを選択すると［…］というボタンが出てきますので，そこをクリックします。

 ← ［…］をクリック

変数の型ウィンドウが表示されます。

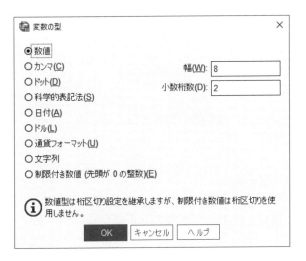

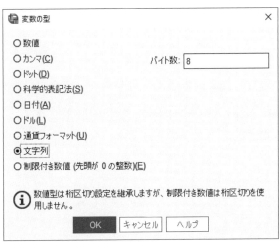

おそらく研究の中で頻繁に使われるのは，［数値］か［文字列］でしょう。

　数値を選択すると，［幅(W)］と［小数桁数(D)］を指定することができます。小数桁数は 10 桁までを指定することが可能です。データが整数だけの場合には，小数桁数を 0 にしてもよいでしょう。

　文字列を選択すると［バイト数］を指定することができます。「8 バイト」は半角文字で8 文字，全角文字で 4 文字のことを指します。「小塩□□」と「□小塩□」と「□□小塩」（□はスペース）は，同じ文字を使っていますが異なるものと判定されます。

　これらの数値は，変数ビューにも反映されます。

	名前	型	幅	小数桁数
1	ID	数値	8	2

ID，SEX，AGE の型はいずれも数値のままにしておきましょう。

1-2-3　ラベルをつける

　データエディタの変数ビューで，**ラベル**のセルをクリックします。ここに番号と入力しましょう。

	名前	型	幅	小数桁数	ラベル
1	ID	数値	8	2	番号

　変数名だけではこの変数の表す内容がよく分からない場合には，ラベルに説明を書くとよいでしょう。ラベルが入力されている場合，分析の結果にはラベルが優先的に表示されます。なお，変数ラベルには半角文字で 256 文字，全角文字で 128 文字まで入力することができます。

SEX のラベルに性別，AGE のラベルに年齢と入力しましょう。

	名前	型	幅	小数桁数	ラベル
1	ID	数値	8	2	番号
2	SEX	数値	8	2	性別
3	AGE	数値	8	2	年齢

1-2-4　値ラベルをつける

　値ラベルとは，データに入力されたそれぞれの値が何を意味するかを表示するための説明のことです。たとえば，数字に次のようなラベルをつけることを意味します。

●　0 ＝女性，1 ＝男性
●　1 ＝小学生，2 ＝中学生，3 ＝高校生，4 ＝大学生

　2 番目の変数［SEX］に値ラベルをつけましょう。0 を女性，1 を男性とします。

●　SEX の行の「値」のセルをクリックし，「なし」と書かれた横の［…］をクリックします。

	名前	型	幅	小数桁数	ラベル	値	
1	ID	数値	8	2	番号	なし	
2	SEX	数値	8	2	性別	なし	…

第 1 章　SPSS の起動とデータの準備　＜ SPSS の基本＞　**15**

> 「値ラベル」ウィンドウが表示されるので右側の「＋」をクリック。

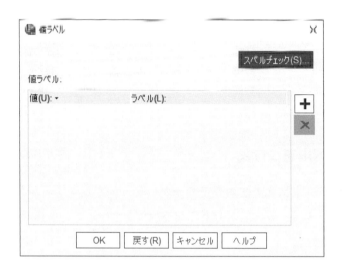

> ［値(U)］に「0」,［ラベル(L)］に「女性」と入力。「0」を入力すると「.00」と表示されます。

> もう一度ウィンドウ右端の「＋」をクリック。
> ［値(U)］に「1」,［ラベル(L)］に「男性」と入力します。

- 「OK」をクリック。
- データエディタの変数ビューで値ラベルが入力されていることを確認。

	名前	型	幅	小数桁数	ラベル	値
1	ID	数値	8	2	番号	なし
2	SEX	数値	8	2	性別	{0, 女性}...

1-2-5 欠損値について

　SPSS では，特定の値を**欠損値**として認識させることができます。たとえば，データとして使用するはずがない「99」とか「888」といった数字を分析に使用しない欠損値として指定することができます。

　また，データを入力する際に数値を入力せず空欄にしておくことでも欠損値とすることができます。

　欠損値を指定する場合には，次のように指定します。

- 欠損値のセルをクリックし，［…］のボタンをクリック。

> 欠損値ウィンドウが表示されます。通常は［欠損値なし(N)］が選択されています。

- ✧ 77 や 99 など特定の数値を欠損値とする場合には，［個別の欠損値(D)］を選択し，欠損値となる数値を枠内に入力します。
- ✧ 90 から 99 など特定の数値の範囲を欠損値とする場合には，［範囲に個別の値をプラス］を選択し，範囲の最初と最後の数値を入力します。
  そして，変換する数値の値を入力します。
- ● ［OK］をクリック。なお，今回は欠損値を指定する必要はありません。

1-2-6　尺度水準の指定

データの**尺度水準**を指定します。3 つの尺度水準を選択することができます。

◎**スケール**：比率尺度および間隔尺度の水準
◎**順序**：順序尺度の水準
◎**名義**：名義尺度の水準

これらを選択することで，使用できる分析手法が変わってきます。文字列などの場合には名義，数値の場合にはスケールを選んでおくとよいでしょう。

今回の場合，ID と AGE はスケール，SEX は名義を指定します。

STEP UP

Excel データを SPSS に読み込ませる

　SPSS では，Excel などに入力したデータを読み込むことができます。ただし，読み込む前に設定しておいた方がよいオプションがあります。それは「**尺度水準**」です。

　研究の中では，1 点から 5 点までの整数をスケール（間隔尺度の水準）で分析する場面が多くあります。ところが，外部のデータを読み込ませた場合には，この 5 段階の数値は名義尺度の水準として読み込まれ，［尺度］が自動的に［名義］とされてしまいます。

　そこで，Excel など外部のデータを読み込ませる前に，少ない段階の数値でもスケールとして認識されるようにしましょう。

<分割値の指定>
- SPSS Statistics メニュー　→　Preferences を選択（Mac の場合）

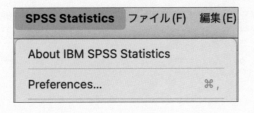

- オプションウィンドウが表示されますので［データ］タブを選択します。

![オプションウィンドウ]

- ［測定尺度の割り当て］の［数値型フィールドの測定の尺度の指定に使用する一意の値の分割値(S)］の枠内にある数値を，読み込ませるデータに合わせて変更します。
  - たとえば，データの中に5段階（1点から5点）の選択肢で回答している質問項目のデータが含まれており，そのデータをスケールの水準で分析したい場合には「5」を指定します。

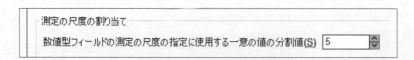

- ［OK］をクリックします。

Excel ファイルにデータを用意する場合には，一番上の行に変数名を入力してください。この変数名が自動的に読み込まれます。読み込ませるデータは，パソコン内に保存してある必要があります。

	A	B	C	
1	ID	SEX	AGE	
2	1	0	19	
3	2	0	18	
4	3	0	19	
5	4	0	20	
6	5	0	21	
7	6	0	20	
8	7	0	18	
9	8	0	23	
10	9	0	22	
11	10	0	21	
12	11	0	18	
13	12	0	20	
14	13	0	20	
15	14	0	20	
16	15	1	20	
17	16	1	19	
18	17	1	19	
19	18	1	19	
20	19	1	22	
21	20	1	21	

第 1 章　SPSS の起動とデータの準備　＜ SPSS の基本＞　**21**

<データの読み込み>

- SPSSを起動した状態で，[ファイル(F)] メニュー→ [データのインポート(D)] → [Excel(E)] を選択します。

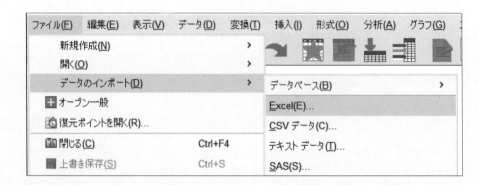

> 読み込ませるデータを選び，[Open] をクリック。
> Excelファイルの読み込みウィンドウが表示されます。
>   ◇ Excelの1列目に変数名が入力されている場合には，[データの最初の行から変数名を読み込む] にチェックが入っていることを確認します。

☑ データの最初の行から変数名を読み込む(V)

> [プレビュー(W)] にうまく入力できていることを確認したら [OK] をクリック。

1-3 データの入力

データエディタの［データビュー］をクリックします。

下の例に従って，データを入力していきましょう。

ツールバーの値ラベル（ ▨ ）をクリックすると，値ラベルが表示されます。

	ID	SEX	AGE		SEX
1	1.00	.00	19.00		女性
2	2.00	.00	18.00		女性
3	3.00	.00	19.00		女性
4	4.00	.00	20.00		女性
5	5.00	.00	21.00		女性
6	6.00	.00	20.00		女性
7	7.00	.00	18.00		女性
8	8.00	.00	23.00		女性
9	9.00	.00	22.00		女性
10	10.00	.00	21.00	→	女性
11	11.00	.00	18.00		女性
12	12.00	.00	20.00		女性
13	13.00	.00	20.00		女性
14	14.00	.00	20.00		女性
15	15.00	1.00	20.00		男性
16	16.00	1.00	19.00		男性
17	17.00	1.00	19.00		男性
18	18.00	1.00	19.00		男性
19	19.00	1.00	22.00		男性
20	20.00	1.00	21.00		男性

第 1 章　SPSS の起動とデータの準備　＜ SPSS の基本＞　**23**

第 **2** 章

ひとつの変数の分析
＜記述統計／度数分布＞

ここでは，ひとつの変数について分析する方法を見ていきましょう。
使用するデータは，第1章と同じものです。

2-1　得点分布

データの特徴を捉えるために，**グラフ**を描いてみましょう。
まず，年齢のデータを使って，**ヒストグラム**を描いてみます。

2-1-1　分析の指定

- ［グラフ(G)］メニュー　→　［ヒストグラム(I)］を選択。
  - ［ヒストグラム］ウインドウが表示されます。

- ❖ ［変数(V)］に「年齢［AGE］」を指定しましょう。
  変数リストには変数ラベルが表示され，変数名は括弧（［　］）にくくられて表示されます。
- ❖ ［正規曲線の表示(D)］にチェックを入れると，グラフに**正規曲線**が重ねて表示されます。得点分布を正規分布と比較したいときはチェックを入れるとよいでしょう（レポートや論文に記載するときに必要というわけではありません）。
  今回はチェックを入れておきましょう。

- ［OK］をクリック。

第 2 章　ひとつの変数の分析　＜記述統計／度数分布＞

2-1-2　結果の出力

ヒストグラムに正規曲線が重ねて出力されます。右上に平均値，標準偏差，度数（データの数）が表示されますので確認しておきましょう。

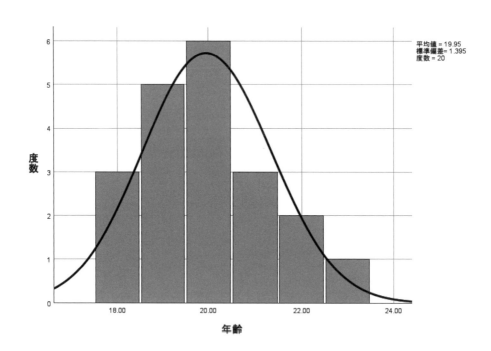

2-1-3　性別でグラフを描く

性別でもグラフを描いてみましょう。データを見ると分かりますが，女性が14名，男性が6名となっています。年齢のように連続した得点の分布ではなく，女性と男性という名義尺度それぞれの人数がグラフで可視化されることが目的となります。

ここは**棒グラフ**を描いてみましょう。

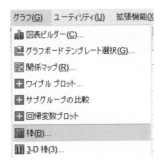

2-1-4　分析の指定

- ［グラフ(G)］メニュー　→　［棒(B)］を選択。
    - 棒グラフのウインドウが表示されます。
    「単純」を選択し，図表内のデータでは［グループごとの集計(G)］を選択します。
    ［定義(F)］をクリック。

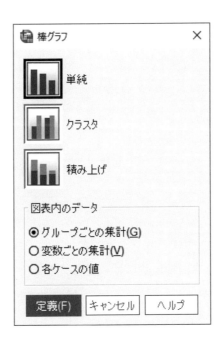

第2章　ひとつの変数の分析　＜記述統計／度数分布＞

➢ 「単純棒グラフの定義：グループごとの集計」ウインドウが表示されます。
  ✧ 棒の表現内容は［ケースの数(N)］を選択。
  ✧ ［カテゴリ軸(X)］に「性別［SEX］」を指定する。

  ✧ ［オプション(O)］をクリック。
    ● よく使用する可能性があるオプションとしては［エラーバーの表示(E)］だと予想されます。グラフに補足的な情報を加えたいときには，［エラーバーの表示(E)］にチェックを入れ，「信頼区間」「標準誤差」「標準偏差」のいずれかから適切な選択をしてください。

今回は［信頼区間レベル（%）（E）］を選択し，枠内に「95.0」と入力されていることを確認。95%信頼区間の情報が表示されます。

何の数値をエラーバーに表示したかは，レポートなどに報告しておくとよいでしょう。

- 「続行」をクリック。
> 「OK」をクリック。

2-1-5 結果の出力

エラーバーつきの棒グラフが出力されます。

ヒストグラムは横軸が連続した得点や量を表現しており，階級で区切られています。連続的な量であることを表現するために，棒と棒の間が接しています。

棒グラフは横軸がカテゴリであり名義尺度の水準で，棒と棒の間は異なるカテゴリであることを表現するために離れています。

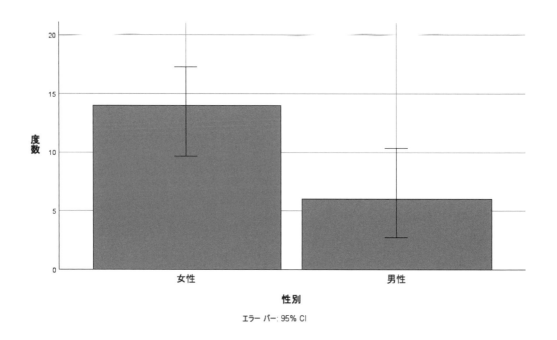

2-2　記述統計量

平均値や標準偏差など，基本的な**記述統計量**を出力してみましょう。

2-2-1　分析の指定

- ［分析(A)］メニュー → ［記述統計(E)］ → ［記述統計(D)］ を選択。
  - ➢ 「記述統計」ウインドウが表示される。
    - ✧ ［変数(V)］に「年齢（AGE）」を指定する。
       Point：複数の変数を同時に選択したいときには…

- 並んでいる変数を一度に選択するときは，一番上の変数をクリックしてからシフト（shift）キーを押しながら一番下を選択するとその間の変数が全て選択されます。
- 飛び飛びの変数を選択するときには，Windows ではコントロール（ctrl）キー，Mac ではコマンド（command）キーを押しながらクリックすると選択されます。
- 選択したら右向き矢印ボタン（➡）をクリック。

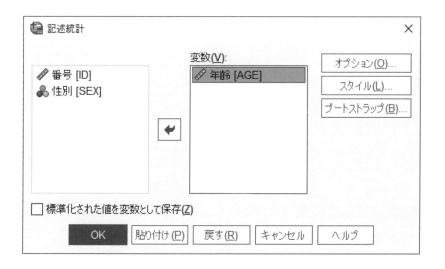

> ［オプション(O)］をクリック。
  ◆ 「記述統計：オプション」ウインドウが表示されます。必要なチェックを入れましょう。今回は……
  ◆ ［平均値(M)］
  ◆ 散らばり：［標準偏差(T)］［最小値(N)］［最大値(X)］
  ◆ 分布：［尖度(K)］［歪度(W)］表示順：［変数リスト順(B)］を選択。

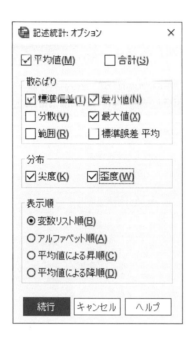

- ✧ 「続行」をクリック。
- ➤ ［スタイル(L)］をクリックすると，表のスタイルを調整できます。
- ➤ **信頼区間**を表示したいときには［ブートストラップ(B)］をクリック。
  - ✧ 「ブートストラップの実行」にチェックを入れます。
  - ✧ 信頼区間の［レベル（％）(L)］に「95」と入っていると，95％信頼区間を出力します。

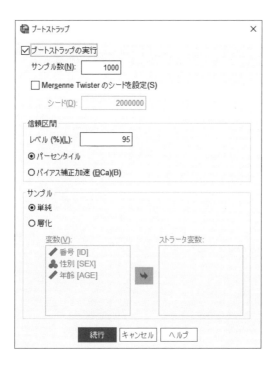

　◆　「続行」をクリック。

　▶　「OK」をクリック。

2-2-2　結果の出力

　ブートストラップの実行を選択したので，先にその確認から出力されます。

「統計量」の行に書かれているのが，記述統計量です。

　度数は 20（データが 20 個），最小値は 18 歳，最大値は 23 歳，平均値は 19.95 歳，標準偏差は 1.39 となります。

　尖度は分布が尖っているか，なだらかであるかを表現します。通常，尖度は 3 を基準としてそれよりも大きければ正規分布よりも尖っていること，小さければなだらかな分布であることを表します。しかし SPSS では 0 を基準として，プラスだと正規分布よりも尖っていること，マイナスだとなだらかであることを表現します。

第 2 章　ひとつの変数の分析　＜記述統計／度数分布＞　**35**

歪度は分布の対称性・非対称性を表現します。正規分布のように左右対称であれば歪度は0になります。プラスの値をとるときには分布の右側に裾野が伸びた形状，マイナスの値をとるときには分布の左側に裾野が伸びた形状をとることを意味します。

今回の結果の場合，尖度は－0.236，歪度は0.486という値になっています。正規分布に近いですが，やや分布がなだらかで，右側に裾野が伸びた形状だと判断されます。

2-1-2で出力したヒストグラムで分布の形状を確認しましょう。ヒストグラムでは右側に裾野が伸びており，正規曲線から左側は上に飛び出ています。ただし，いずれも±1を超えるような要注意の値を示してはいませんので，正規分布から大きく逸脱していると判断されるわけではありません。

ブートストラップ

ブートストラップの指定

サンプリング方法	単純
サンプル数	1000
信頼区間レベル	95.0%
信頼区間型	パーセンタイル

➡ **記述統計**

記述統計量

		統計量	標準誤差	ブートストラップ[a] バイアス	標準誤差	95% 信頼区間 下限	上限
年齢	度数	20		0	0	20	20
	最小値	18.00					
	最大値	23.00					
	平均値	19.9500		-.0164	.2949	19.3500	20.5000
	標準偏差	1.39454		-.04505	.19576	.95145	1.71671
	歪度	.486	.512	-.030	.388	-.281	1.279
	尖度	-.236	.992	.030	.936	-1.398	1.850
有効なケースの数 (リストごと)	度数	20		0	0	20	20

a. 特に記述のない限り、ブートストラップの結果は1000ブートストラップ サンプル に基づきます。

36

2-3 度数分布

年齢のデータについて，**度数分布**などを確認しましょう。

2-3-1 分析の指定

- ［分析(A)］メニュー → ［記述統計(E)］ → ［度数分布表(F)］ を選択。
  > ［変数(V)］に「年齢[AGE]」を指定します。

※［APA 形式の表を作成(A)］にチェックを入れると，**アメリカ心理学会（APA）**の論文執筆マニュアルのフォーマットに準じた表が出力されますので，試してみてください。

  > ［統計量(S)］をクリック。
    ◇ 必要な統計量をクリックします。今回は，次の指定をしてみましょう。
    ◇ パーセンタイル値：[4 分位(Q)]
    ◇ 中心傾向：[平均値(M)] [中央値(D)] [最頻値(O)] [合計(S)]
    ◇ 散らばり：[標準偏差(T)] [最小値(I)] [最大値(X)]
    ◇ 分布：[歪度(W)] [尖度(K)]

- ✧ 「続行」をクリック。
- ➢ ［図表(C)］をクリック。
  - ✧ 必要なグラフを描くことができます。ここでも［ヒストグラム(H)］を選びましょう。［正規曲線付き(S)］にもチェックを入れます。
  - ✧ 「続行」をクリック。
- ➢ ［書式(F)］では，複数の変数を指定したときの表示順を指定することができます。また，ひとつの表に全てを表示する（［変数の比較(C)］）か，変数ごとに異なる表を出力する（［変数後との分析(O)］）を指定することもできます。
- ➢ ［ブートストラップ(B)］では，信頼区間を表示することができます。今回は指定せずに進みましょう。
- ➢ 「OK」をクリック。

2-3-2 結果の出力

統計量の表が出力されます。平均値や標準偏差，歪度や尖度などがここまでの分析結果と一致していることを確認してください。

「パーセンタイル」の指定をしましたので，分布の中で 25 パーセンタイル，50 パーセンタイル，75 パーセンタイルに相当する数値も出力されます。

統計量

年齢

度数	有効	20
	欠損値	0
平均値		19.9500
中央値		20.0000
最頻値		20.00
標準偏差		1.39454
歪度		.486
歪度の標準誤差		.512
尖度		-.236
尖度の標準誤差		.992
最小値		18.00
最大値		23.00
合計		399.00
パーセンタイル	25	19.0000
	50	20.0000
	75	21.0000

年齢の度数分布表が出力されます。各年齢に何人が含まれていて，それぞれ全体の何パーセントであるのか，また累積パーセントがいくつであるのかを確認してください。

第 2 章 ひとつの変数の分析 ＜記述統計／度数分布＞ **39**

年齢

		度数	パーセント	有効パーセント	累積パーセント
有効	18.00	3	15.0	15.0	15.0
	19.00	5	25.0	25.0	40.0
	20.00	6	30.0	30.0	70.0
	21.00	3	15.0	15.0	85.0
	22.00	2	10.0	10.0	95.0
	23.00	1	5.0	5.0	100.0
	合計	20	100.0	100.0	

　正規曲線つきの**ヒストグラム**が出力されます。グラフメニューで出力したものと見比べてみてください。

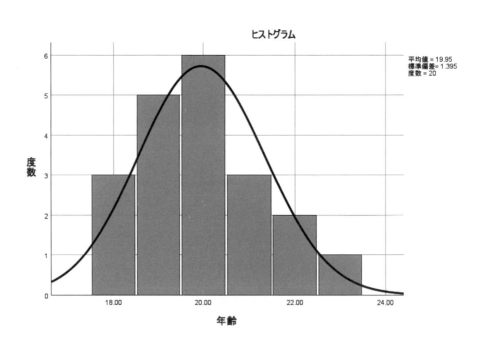

2-4 比率を表現する

性別の人数の比率を分析してみましょう。

データにおいて女性 14 人と男性 6 人であることはわかっているのですが，比率の差を統計的に検定することも行ってみましょう。

前提として，母集団の男女比率が 50％ずつの半々であると仮定します。しかし，母集団全体を調査することは不可能ですので，サンプル調査を実施行ったとします。20 名をランダムに選んで調査をおこなった結果，女性 14 人で男性 6 人という結果が得られました。このサンプルに基づいて，母集団の男女比率が 50％対 50％であるという**帰無仮説**のもと，統計的な検定を用いて帰無仮説が支持されるかどうかを検証しましょう。

2-4-1 分析の指定

- ［分析(A)］メニュー → ［平均値と比率の比較］ → ［1 サンプルの比率(P)］を選択。

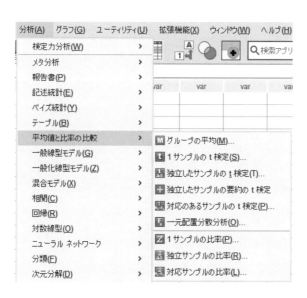

第 2 章 ひとつの変数の分析 ＜記述統計／度数分布＞ 41

> 「1サンプルの比率」ウインドウが表示されます。
>> [検定変数(T)] に，「性別（SEX）」を指定します。

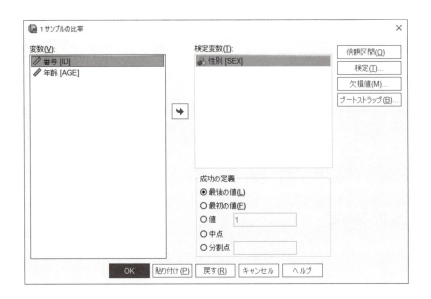

> 「成功の定義」では，次の指定を行うことでふたつの割合の比較を行います。
>> ✧ 最後の値(L)：データ内で並べた最後の値（最大の値）
>> ✧ 最初の値(F)：データ内で並べた最初の値（最小の値）
>> ✧ 値：特定の値
>> ✧ 中点：数値データの範囲の真ん中の値以上
>> ✧ 分割点：数値データにおける指定値以上
>> ✧ 今回は女性が0，男性が1とデータが入っていますので，最後の値(L) を指定すれば「1（男性）」とそれ以外の比率を検討することができます。
> [検定(T)] をクリック。
>> ✧ どの検定を実行するか，選択することができます。
>> ✧ ここでは，［正確2項］［Mid-p 値調整済み2項］［得点］を選びます。二項検定を行いましょう。

　◇　「続行」をクリック。

➢　信頼区間の出力が必要な場合は，[信頼区間(O)] や [ブートストラップ(B)] をクリックして指定を行います（今回はデフォルトのまま）。

➢　「OK」をクリック。

2-4-2　結果の出力

まず1サンプルの比率の信頼区間の表が出力されます。

「成功数」は「成功の定義」で指定した値に当てはまる数を表します。今回の場合，最後の値(L) で「男性」が指定されていますので，男性の人数，全体の人数，男性の比率，標準誤差，信頼区間が表示されます。

1 サンプルの比率の信頼区間

	区間のタイプ	成功数	観測値 試行	比率	漸近標準誤差	95% 信頼区間 下限	上限
性別 = 男性	Agresti-Coull	6	20	.300	.102	.143	.521
	Jeffreys	6	20	.300	.102	.136	.517
	Wilson スコア	6	20	.300	.102	.145	.519

1サンプルの比率検定の表が出力されます。

　上の表と同じく成功数，観測値試行，比率が表示され，右の方に Z，片側 p 値，両側 p 値が出力されます。Z は標準化得点で，1.96 を超えると両側 p 値が 5% 水準で有意（0.05 を下回る値）になります。

1 サンプルの比率検定

	検定の種類	成功数	観測値 試行	比率	観測値 - 検定値[a]	漸近標準誤差	Z	有意確率 片側 p 値	両側 p 値
性別 = 男性	正確 2 項	6	20	.300	-.200	.102		.058	.115
	Mid-p 値調整済み 2 項	6	20	.300	-.200	.102		.039	.078
	得点	6	20	.300	-.200	.102	-1.789	.037	.074

a. 検定値 = .5

　もしも「女性よりも男性の方が少ない」など片方向に偏っているかどうかを検定する場合には，**片側 p 値**が統計的に有意かどうか（0.05 を下回るかどうか）を検討します。

　今回の場合，50 対 50 からの偏りについて検定します。サンプルにおいて女性が多い（少ない）場合，男性が多い（少ない）場合の両方を検討しますので，**両側検定**を行います。従って今回は，**両側 p 値**を参照しましょう。

　結果から，帰無仮説を棄却することはできませんでしたので，男女の比率について統計的に有意な偏りは見られなかったと判断されます。

第 **3** 章

ふたつの変数の分析（関連）

<相関／ t 検定／クロス集計>

ここでは，ふたつの変数の関係性を検討する分析について見ていきましょう。

3-1 使用するデータ

ここまで使用してきたデータに，「満足度」「孤独感」「外向性」の3つの変数を追加します。

- IBM SPSS Statistics データエディタでデータセットを開きます。
  - 「変数ビュー」のタブをクリック。
    - 名前に「SAT」「LON」「EXT」と変数名を入力します。
      ※ ST は Satisfaction（満足度），LON は Loneliness（孤独感），EXT は Extraversion（外向性）の頭文字です。
    - ラベルに「満足度」「孤独感」「外向性」と入力しましょう。
    - 尺度は「スケール」にします。

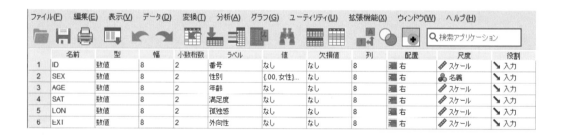

  - 「データビュー」のタブをクリック。
    - 以下のようにデータを入力してください。

	ID	SEX	AGE	SAT	LON	EXT
1	1.00	.00	19.00	5.00	1.00	33.00
2	2.00	.00	18.00	3.00	8.00	26.00
3	3.00	.00	19.00	4.00	8.00	26.00
4	4.00	.00	20.00	6.00	5.00	33.00
5	5.00	.00	21.00	6.00	3.00	28.00
6	6.00	.00	20.00	3.00	4.00	33.00
7	7.00	.00	18.00	4.00	8.00	33.00
8	8.00	.00	23.00	5.00	6.00	30.00
9	9.00	.00	22.00	4.00	8.00	32.00
10	10.00	.00	21.00	5.00	5.00	34.00
11	11.00	.00	18.00	3.00	5.00	26.00
12	12.00	.00	20.00	5.00	5.00	32.00
13	13.00	.00	20.00	4.00	7.00	29.00
14	14.00	.00	20.00	4.00	8.00	26.00
15	15.00	1.00	20.00	4.00	7.00	30.00
16	16.00	1.00	19.00	3.00	10.00	31.00
17	17.00	1.00	19.00	5.00	6.00	28.00
18	18.00	1.00	19.00	3.00	8.00	32.00
19	19.00	1.00	22.00	5.00	6.00	32.00
20	20.00	1.00	21.00	3.00	10.00	25.00

3-2　ふたつの変数間の相関係数を算出する

　このデータを用いて,「年齢」と「満足度」の間の**相関係数**(**Pearson の積率相関係数**)を算出してみましょう。

3-2-1　分析の指定

　相関係数を算出するメニューとして,[分析(A)] メニューの [相関(C)] の中に,[2 変量(信頼区間あり)] と [2 変量(B)] があります。

第 3 章　ふたつの変数の分析(関連)　<相関／ t 検定／クロス集計>　**47**

今回は，これまでの SPSS のバージョンと同じ [2 変量(B)] を使って分析を進めましょう。

- [分析(A)] メニュー → [相関(C)] → [2 変量(B)] を選択。
  - 「年齢（AGE）」と「満足度（SAT）」を選んで右向き矢印ボタン（ ➡ ）をクリック。

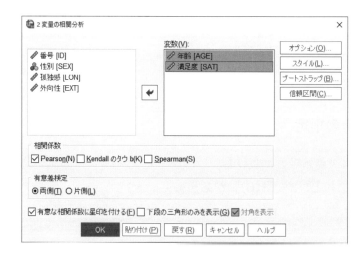

- ［オプション(O)］をクリック。
  - 統計：［平均値と標準偏差(M)］にチェックを入れましょう。これらの情報が出力されます。［交差積和と共分散(C)］を出力しなければいけない機会は少ないように思います。
  - 欠損値：どちらかを選びますが，出力される情報が異なってきます。
    ［ペアごとに除外(P)］：相関係数を算出する変数の組み合わせのうち少なくともいずれかが欠損値である場合に，分析から除外されます。部分的に欠損値があると，出力される相関係数ごとにケース数が異なります。
    ［リストごとに除外(L)］：分析に投入された変数に欠損値がひとつでもあるケースは，分析から除外されます。出力される相関係数全てが同じケース数になります。
    ※今回はデータに欠損値がありませんので，［リストごとに除外(L)］を選択しましょう。

  - 「続行」をクリック。
- 最近の論文では相関係数の信頼区間を報告する機会も増えています。必要に応じて［ブートストラップ(B)］や［信頼区間(C)］で信頼区間を出力しましょう。

- 「2 変量の相関分析」のその他の指定を確認します。

  - 「相関係数」では，出力する相関係数の種類を指定します。

    ［Pearson(N)］：**ピアソンの積率相関係数**を算出します。

    ［Kendall のタウ b(K)］：**ケンドールの順位相関係数**を算出します。

    ［Spearman(S)］：**スピアマンの順位相関係数**を算出します。

    ※今回は［Pearson(N)］にチェックを入れます。

  - 「有意差検定」では，［両側(T)］か［片側(L)］を選択します。

    相関係数がゼロからプラス方向にもマイナス方向にも大きくずれるかどうかを検討する場合には［両側(T)］を選択します。通常は［両側(T)］を選択してください。今回も［両側(T)］の選択のままとします。

    仮説によっては，プラス方向またはマイナス方向にのみ大きい相関係数を予想する場合があります。このような特定の仮説が設定される場合には [片側 (L)] を選択します。方向性が明確である特殊な場合にのみ選択してください。

  - その他は以下のチェックをつけることができます。

    ［有意な相関係数に星印をつける(F)］：相関係数が統計的に有意な値になった場合にアスタリスク（*）をつけます。出力を Excel 等で加工する場合には，むしろアスタリスクが邪魔なときがあります。その場合はチェックを外してください。

    ［下段の三角形のみを表示(G)］：相関行列は対角線をはさんで右上と左下で同じ数値が出力されます。片方が不必要な場合はチェックを入れてください。ここにチェックを入れると次のオプションも選ぶことができるようになります。

    ［対角を表示］：このチェックを入れると，対角の枠に「1」ではなく「–」が表示されます。

    ※これらのオプションにチェックについては，付けたり外したりしながら出力を確認してください。

    ※今回は［有意な相関係数に星印をつける(F)］のみチェックをつけます。

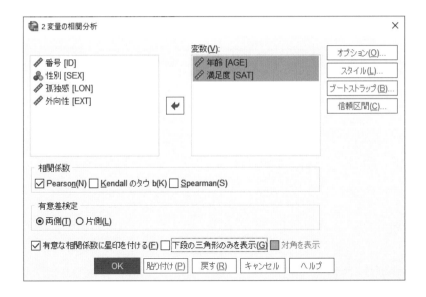

> 「OK」をクリック。

3-2-2 結果の出力

記述統計のオプションを選びましたので，平均，標準偏差，度数が出力されます。

記述統計

	平均	標準偏差	度数
年齢	19.9500	1.39454	20
満足度	4.2000	1.00525	20

相関の表が出力されます。

相関係数は $r = .420$ で，有意確率は $p = .065$ です。有意水準を5%に設定すると，この相関係数は統計的に有意だとは言えません。

相関[a]

		年齢	満足度
年齢	Pearson の相関係数	1	.420
	有意確率 (両側)		.065
満足度	Pearson の相関係数	.420	1
	有意確率 (両側)	.065	

a. リストごと N=20

STEP UP

相関係数の大きさの解釈は，研究をおこなっている文脈によって異なります。
たとえば，次のような基準です。

- $r = .00 \sim \pm .20$：ほとんど関連がない
- $r = .20 \sim \pm .40$：低い（弱い）相関
- $r = .40 \sim \pm .70$：かなり（比較的強い）相関
- $r = .70 \sim \pm 1.00$：高い（強い）相関

しかし，これらの値は絶対的なものではありません。たとえば心理学の研究の中でよく
用いられる別の基準によれば[i]，次のようになります。

- $r = \pm .10$：小さな相関
- $r = \pm .30$：中程度の相関
- $r = \pm .50$：大きな相関

さらに別の研究によれば，パーソナリティや個人差の研究論文の中では，十分なサンプ
ルサイズのもとで分析が行われた場合には，次のような基準を用いることが可能だとされ
ることもあります[ii]。

---

[i] Cohen, J. (1992). A power primer. *Psychological Bulletin, 112*(1), 155-159. https://doi.org/10.1037//0033-2909.112.1.155

[ii] Gignac, G. E., & Szodorai, E. T. (2016). Effect size guidelines for individual differences researchers. *Personality and Individual Differences, 102*, 74-78. https://doi.org/10.1016/j.paid.2016.06.069

- $r = \pm.10$：小さな相関
- $r = \pm.20$：中程度の相関
- $r = \pm.30$：大きな相関

このように，相関係数の大きさの解釈も決まっているわけではありませんので，注意が必要です。

3-3 多くの相関係数を一度に出力する

次に，「年齢」「満足度」「孤独感」「外向性」の4つの変数の相関係数をひとつの表に出力しましょう。

3-3-1 分析の指定

- ［分析(A)］メニュー → ［相関(C)］ → ［2変量(B)］ を選択。
  - ➤ 「年齢（AGE）」「満足度（SAT）」「孤独感（LON）」「外向性（EXT）」を選んで右向き矢印ボタン（ ➡ ）をクリック。
  - ➤ ［オプション(O)］をクリックして，［平均値と標準偏差(M)］にチェックを入れましょう。
  - ➤ 相関係数は［Pearson(N)］を選択します。
  - ➤ 有意差検定は［両側(T)］です。
  - ➤ ［有意な相関係数に星印をつける(F)］［下段の三角形のみを表示(G)］［対角を表示］の3つにチェックを入れましょう。

第3章 ふたつの変数の分析（関連）＜相関／t検定／クロス集計＞　**53**

> 「OK」をクリック。

3-3-2 結果の出力

記述統計が出力されますので，平均と標準偏差の値を確認しましょう。

記述統計

	平均	標準偏差	度数
年齢	19.9500	1.39454	20
満足度	4.2000	1.00525	20
孤独感	6.4000	2.25715	20
外向性	29.9500	2.96426	20

相関表は［有意な相関係数に星印をつける(F)］［下段の三角形のみを表示(G)］［対角を表示］にチェックを入れることで，このようになります。

「満足度」と「孤独感」との間の相関係数が $r = -.594$ で，有意確率が $p = .006$ となっており，アスタリスクが2つつけられています。このマイナスの相関係数が，統計的に有

意な値を示していることを表しています。孤独感が高い人ほど，満足度が低い人であることを意味します。

　「外向性」と「孤独感」との間の相関係数は $r = -.367$ で，有意確率が $p = .112$ です。同じように負の相関係数が得られていますが，統計的に有意な値ではなく，アスタリスクもついていません。

相関[b]

		年齢	満足度	孤独感	外向性
年齢	Pearson の相関係数	--			
満足度	Pearson の相関係数	.420	--		
	有意確率 (両側)	.065			
孤独感	Pearson の相関係数	-.077	-.594[**]	--	
	有意確率 (両側)	.747	.006		
外向性	Pearson の相関係数	.190	.321	-.367	--
	有意確率 (両側)	.421	.167	.112	

**. 相関係数は 1% 水準で有意 (両側) です。

b. リストごと N=20

順位相関を算出すると

同じデータを用いて，**順位相関係数**を算出してみましょう。

［分析(A)］メニュー → ［相関(C)］ → ［2変量(B)］で［変数(V)］に「年齢（AGE）」「満足度（SAT）」「孤独感（LON）」「外向性（EXT）」を指定します。

相関係数で［Kendall のタウ b(K)］と［Spearman(S)］にチェックを入れます。［Pearson(N)］のチェックも入れたままで構いません。

［有意な相関係数に星印をつける(F)］［下段の三角形のみを表示(G)］［対角を表示］の3つにチェックを入れておきます。

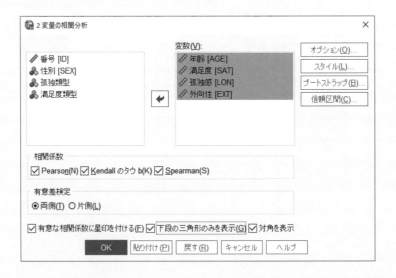

「OK」をクリック。

出力のうちノンパラメトリックと書かれた下に，順位相関係数が出力されます。ピアソンの積率相関係数の出力とも比較してみましょう。もしもデータの中に大きな外れ値があったり，得点分布が偏ったりしている場合には，ピアソンの積率相関係数と順位相関係数の結果が大きく異なる場合があります。

➡ ノンパラメトリック

相関

			年齢	満足度	孤独感	外向性
Kendallのタウb	年齢	相関係数	--			
		有意確率 (両側)				
		度数	20			
	満足度	相関係数	.358	--		
		有意確率 (両側)	.059	.		
		度数	20	20		
	孤独感	相関係数	-.124	-.553[**]	--	
		有意確率 (両側)	.495	.003	.	
		度数	20	20	20	
	外向性	相関係数	.104	.275	-.335	--
		有意確率 (両側)	.565	.138	.059	.
		度数	20	20	20	20
Spearmanのロー	年齢	相関係数	--			
		有意確率 (両側)	.			
		度数	20			
	満足度	相関係数	.437	--		
		有意確率 (両側)	.054	.		
		度数	20	20		
	孤独感	相関係数	-.157	-.595[**]	--	
		有意確率 (両側)	.508	.006	.	
		度数	20	20	20	
	外向性	相関係数	.132	.338	-.418	--
		有意確率 (両側)	.578	.145	.067	.
		度数	20	20	20	20

[**]. 相関係数は 1% 水準で有意 (両側) です。

3-4 散布図を描く

相関関係は，**散布図**を描くと理解しやすくなります。

第 3 章　ふたつの変数の分析（関連）　＜相関／ *t* 検定／クロス集計＞　**57**

3-4-1 分析の指定

- ［グラフ(G)］ → ［散布図／ドット(S)］ を選択。
  - 「散布図／ドット」ウィンドウが表示されます。
    - 単純な散布図を選択。
    - ［定義(F)］をクリック。

  - ［X軸(X)］と［Y軸(Y)］に変数を指定します。
    ［X軸(X)］：孤独感［LON］を指定。
    ［Y軸(Y)］：満足度［SAT］を指定。

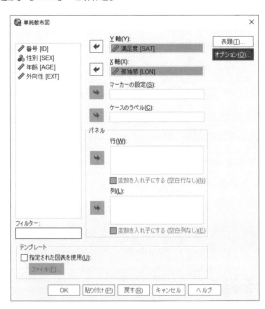

  - このまま「OK」をクリック。

3-4-2 結果の出力

孤独感が横軸，満足度が縦軸に示され，各ケース（個人）が点で表現されます。
全体的に，右下がりの点の配置になっていることがわかるでしょうか。

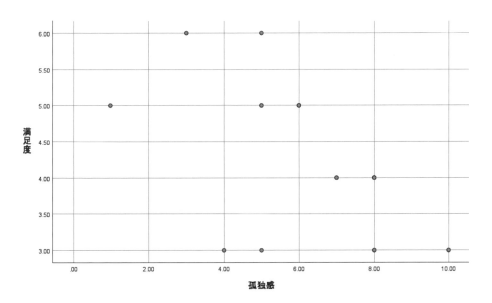

散布図が右下がりになるときに負の相関，右上がりになる時に正の相関，一様に分布したり円形になったりするとき相関係数はゼロに近くなります。

> **STEP UP　相関関係のパターン**
>
> 　100個のデータからなる散布図をいくつか示します。おおよそのパターンを確認してください。相関係数の数字だけを見る場合と，散布図を確認する場合とでは，イメージが変わってくるのではないでしょうか。

① $r = -.900$

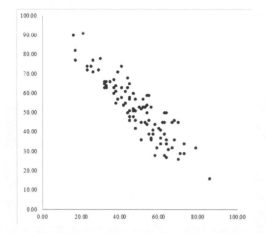

② $r = -.629$

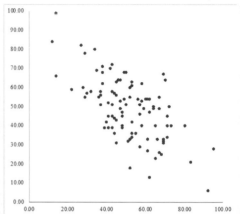

③ $r = -.319$

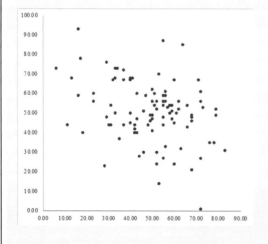

④ $r = .003$

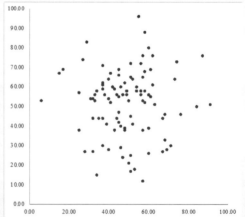

⑤　$r = .316$

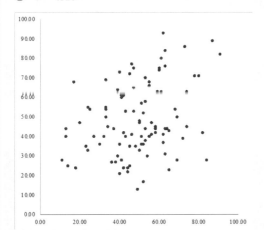

⑥　$r = .653$

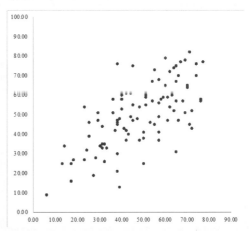

⑦　$r = .902$

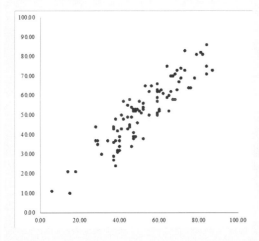

第 3 章　ふたつの変数の分析（関連）　＜相関／ t 検定／クロス集計＞

3-5　t 検定

まず，孤独感の高い人と低い人にグループを分けてみましょう。

そして，孤独感の高い人と低い人で満足度と外向性の**平均値**に有意な差は見られるかどうかを，**対応のない t 検定**で検討します。

3-5-1　グループ化

相関係数の前に出力した表から，孤独感の平均値は 6.40 だということがわかっています。平均値より高い人々を「高孤独感」グループ，平均値より低い人々を「低孤独感」グループとしましょう。

● 　データエディタを開きます。
> ［変換(T)］メニュー　→　［他の変数への値の再割り当て(R)］を選択。

❖ ［入力変数 -> 出力変数(V)］の枠内に変数「孤独感（LON）」を指定。

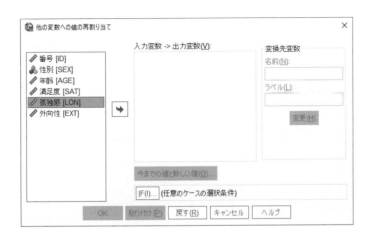

❖ 指定した変数を選択した状態で，「変換先変数」の［名前(N)］に「孤独類型」と入力し，［変更(H)］をクリックします。出力変数としてこの名前が指定されます。
❖ ［今までの値と新しい値(O)］をクリック。
  ● 「今までの値」で，変更前の状態を指定します。
    ➢ ［値(V)］：ある値を別の値に置き換えるときに使います。
    ➢ ［システム欠損値］：データ中，ピリオドで表現される欠損値を別の値に置き換えるときに使います。
    ➢ ［システムまたはユーザー欠損値(U)］：ユーザーが指定した欠損値あるいはピリオドで表現される欠損値を別の値に置き換えるときに使います。
    ➢ ［範囲(N)］：ある値からある値までの範囲を別の値に置き換えるときに使用します。入力した値は範囲内に含まれます。
    ➢ ［範囲：最小値から次の値まで(G)］：データの中で最も小さな値から指定された値までを別の数値に置き換えるときに使用します。

第 3 章　ふたつの変数の分析（関連）　＜相関／t 検定／クロス集計＞

- ➢ ［範囲：次の値から最大値まで(E)］：指定された値から，データの中で最も大きな値までを別の数値に置き換えるときに使用します。
- ➢ ［その他全ての値(O)］：上記で指定された以外の全ての値を，別の数値に置き換えるときに使用します。
● 今回は，次のように指定します。
  - ➢ ［範囲：最小値から次の値まで(G)］を選択し，枠内に孤独感の平均値である「6.4」を入力。
  - ➢ 新しい値の［値(L)］に，「0」（ゼロ）を入力します。低孤独感グループを「0」で表現します。
  - ➢ ［追加(A)］をクリックすると［旧 → 新(D)］の枠内に変換の定義が示されます。

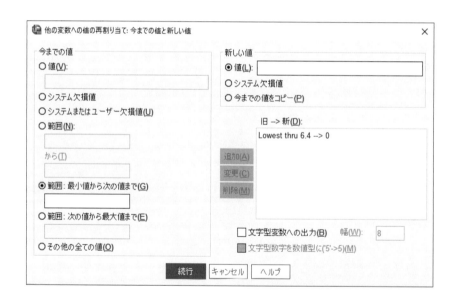

> 次に，[その他全ての値(O)] を選択し，新しい値の [値(L)] に，「1」を入力します。高孤独感グループを「1」で表現します。ここまでで最小値から 6.4 までを「0」に置き換えていますので，それ以外の値が全て「1」に置き換わります。
> [追加(A)] をクリックすると [旧 → 新(D)] の枠内に変換の定義が示されます。

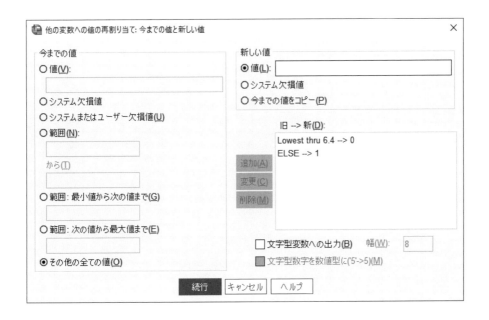

◆ 「続行」をクリック。
> 「OK」をクリック。

孤独類型という変数と，変換されたデータが追加されます。

第 3 章 ふたつの変数の分析（関連）＜相関／t 検定／クロス集計＞ **65**

	ID	SEX	AGE	SAT	LON	EXT	孤独類型
1	1.00	.00	19.00	5.00	1.00	33.00	.00
2	2.00	.00	18.00	3.00	8.00	26.00	1.00
3	3.00	.00	19.00	4.00	8.00	26.00	1.00
4	4.00	.00	20.00	6.00	5.00	33.00	.00
5	5.00	.00	21.00	6.00	3.00	28.00	.00
6	6.00	.00	20.00	3.00	4.00	33.00	.00
7	7.00	.00	18.00	4.00	8.00	33.00	1.00
8	8.00	.00	23.00	5.00	6.00	30.00	.00
9	9.00	.00	22.00	4.00	8.00	32.00	1.00
10	10.00	.00	21.00	5.00	5.00	34.00	.00
11	11.00	.00	18.00	3.00	5.00	26.00	.00
12	12.00	.00	20.00	5.00	5.00	32.00	.00
13	13.00	.00	20.00	4.00	7.00	29.00	1.00
14	14.00	.00	20.00	4.00	8.00	26.00	1.00
15	15.00	1.00	20.00	4.00	7.00	30.00	1.00
16	16.00	1.00	19.00	3.00	10.00	31.00	1.00
17	17.00	1.00	19.00	5.00	6.00	28.00	.00
18	18.00	1.00	19.00	3.00	8.00	32.00	1.00
19	19.00	1.00	22.00	5.00	6.00	32.00	.00
20	20.00	1.00	21.00	3.00	10.00	25.00	1.00
21							

3-5-2 対応のない t 検定の分析指定

　人々は孤独感が高いグループあるいは低いグループにわけられており，重なりはありません。互いに独立したグループの間で，**平均値の差**を検定することになります。

- ［分析(A)］→［平均値と比率の比較］→［独立したサンプルの t 検定(T)］を選択。

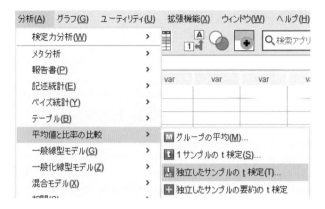

➢ ［検定変数(T)］に「満足度［SAT］」と「外向性［EXT］」を指定します。
➢ ［グループ化変数(G)］に「孤独類型」を指定します。
  ✧ ［グループの定義(G)］をクリックします。
    ● グループ化の仕方は 2 種類です。
      ［特定の値を使用］で，2 つのグループの数値をそれぞれ指定します。今回はこちらを選び，［グループ 1(1)］に「0」，［グループ 2(2)］に「1」を指定します。
      ［分割点(P)］は，特定の値でグループを分ける場合に使用します。

- 「続行」をクリック。
- ✧ ［効果サイズの推定値(E)］にチェックが入っていることを確認しましょう。

> 「OK」をクリック。

3-5-3 結果の出力

　孤独類型の低群(0) と高群(1) ごとの，度数，平均値，標準偏差，平均値の標準誤差が出力されます。平均値を見ると，満足度も外向性も孤独類型が「1」よりも「0」つまり低群の方が平均値が高くなっています。

グループ統計量

	孤独類型	度数	平均値	標準偏差	平均値の標準誤差
満足度	.00	10	4.8000	1.03280	.32660
	1.00	10	3.6000	.51640	.16330
外向性	.00	10	30.9000	2.72641	.86217
	1.00	10	29.0000	3.01846	.95452

独立サンプルの検定に，t 検定の結果が出力されます。

対応のない t 検定の結果は，次の手順で確認します。

① 等分散性のための Levene の検定結果，F 値と有意確率を確認します。

② 有意確率が有意水準を下回らない（5％すなわち 0.05 を超える）場合は結果の「等分散を仮定する」を参照します。

③ 有意確率が有意水準を下回る場合（5％すなわち 0.05 を下回る）場合は結果の「等分散を仮定しない」を参照します。

今回の場合，満足度も外向性も，**等分散性の検定**で有意になっていませんので，「等分散を仮定する」の結果を参照します。なお，有意確率は両側 p 値を参照します。

満足度については，$t = 3.286, df = 18, p = .004$ と，1％水準で平均値の差は有意です（df は自由度です）。

外向性については，$t = 1.477, df = 18, p = .157$ と，平均値の差は有意ではありません。この結果は，3-3 で報告した孤独感と満足度の負の有意な相関（$r = -594, p = .006$），孤独感と外向性（$r = -.367, p = .112$）との有意ではない相関関係と同じになっています。

独立サンプルの検定

| | | 等分散性のための Levene の検定 | | 2 つの母平均の差の検定 | | | | | | 差の 95% 信頼区間 | |
		F 値	有意確率	t 値	自由度	有意確率 片側 p 値	両側 p 値	平均値の差	差の標準誤差	下限	上限
満足度	等分散を仮定する	1.149	.298	3.286	18	.002	.004	1.20000	.36515	.43285	1.96715
	等分散を仮定しない			3.286	13.235	.003	.006	1.20000	.36515	.41257	1.98743
外向性	等分散を仮定する	.257	.618	1.477	18	.078	.157	1.90000	1.28625	-.80232	4.60232
	等分散を仮定しない			1.477	17.817	.079	.157	1.90000	1.28625	-.80431	4.60431

独立サンプルの効果サイズの表が出力されます。ここでは，3 つの効果量が出力されます。

効果量は，差の大きさを定量的に表現します。たとえば **Cohen の d** の場合，0.2 で小さな効果，0.5 で中程度の効果，0.8 で大きな効果だと判断されます。

独立サンプルの効果サイズの表の中で，ポイント推定が効果量を表します。

第 3 章　ふたつの変数の分析（関連）　＜相関／t 検定／クロス集計＞　**69**

満足度については，Cohen の d の値が 1.470 となっていますので大きな効果です（孤独感の高群と低群の平均値の差は大きい）。

外向性の Cohen の d の値は 0.661 です。中程度の効果となっていますが，サンプルサイズが小さいので統計的な検定は有意にはなっていません。

独立サンプルの効果サイズ

		Standardizer[a]	ポイント推定	95% 信頼区間 下限	95% 信頼区間 上限
満足度	Cohen の d	.81650	1.470	.456	2.452
	Hedges の補正	.85261	1.407	.437	2.348
	Glass のデルタ	.51640	2.324	.926	3.671
外向性	Cohen の d	2.87615	.661	-.250	1.554
	Hedges の補正	3.00335	.633	-.240	1.488
	Glass のデルタ	3.01846	.629	-.308	1.536

a. 効果サイズの推定に使用する分母。
　Cohenのdは、プールされた標準偏差を使用します。
　Hedgesの補正は、プールされた標準偏差に補正係数を加えたものを使用します。
　Glassのデルタは、制御（すなわち2番目の）グループのサンプル標準偏差を使用します。

3-6　2×2のクロス集計

さらに，満足度についても高群と低群に分けてみましょう。満足度の平均値は 4.2 です。

3-6-1　満足度のグループ分け

● ［変換(T)］メニュー　→　［他の変数への値の再割り当て(R)］を選択。

　　✧　［入力変数 -> 出力変数(V)］の枠内に変数「満足度（SAT）」を指定。

　　✧　指定した変数を選択した状態で，「変換先変数」の［名前(N)］に「満足度類型」と入力し，［変更(H)］をクリックします。出力変数としてこの名前が指定されます。

✧ ［今までの値と新しい値(O)］をクリック。
- ［範囲:最小値から次の値まで(G)］を選択し，枠内に満足度の平均値である「4.2」を入力。
- 新しい値の［値(L)］に，「0」(ゼロ) を入力します。低満足度グループを「0」で表現します。
- ［追加(A)］をクリックすると［旧 → 新(D)］の枠内に変換の定義が示されます。
- 次に，［その他全ての値(O)］を選択し，新しい値の［値(L)］に，「1」を入力します。
- ［追加(A)］をクリックすると［旧 → 新(D)］の枠内に変換の定義が示されます。

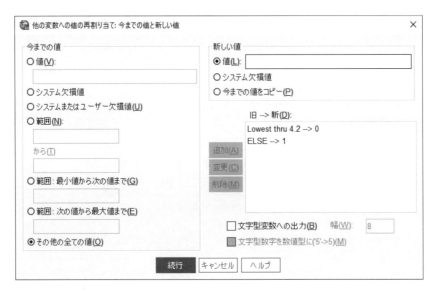

✧ 「続行」をクリック。

➢ 「OK」をクリック。

データに「満足度類型」の変数名とデータが追加されます。

3-6-2 クロス集計の分析指定

　今回は，孤独類型と満足度類型を組み合わせたときに，人数に偏りが生じるかどうかを検討します。

● ［分析(A)］ → ［記述統計(E)］ → ［クロス集計表(C)］を選択。

➢ ［行(O)］に孤独類型，［列(C)］に満足度類型を指定します。

- ［正確確率(X)］をクリック。
  - 組み合わせがそれほど多くなく，サンプルサイズも大量でない場合には，［正確(E)］を選択しましょう。Fisher の**直接確率計算法**で確率が計算されます。ただし，［検定ごとの制限時間(T)］にもチェックを入れて制限時間を入力しましょう。計算時間があまりにも長くなった場合に，時間制限に応じて分析を終えてくれます。

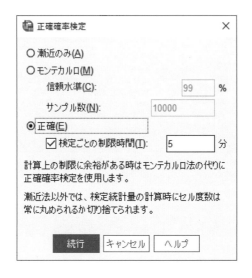

  - 「続行」をクリック。
- ［統計量(S)］をクリックして，必要な統計量を選択します。
  - 今回は［カイ2乗(H)］を選んで「続行」をクリックしましょう。

> ［セル(E)］をクリック。多くの指定がありますが，今回は次の指定を行います。

  ❖ 度数(T)：［観測(O)］を選択しましょう。

  ❖ パーセンテージ：［行(R)］［列(C)］［合計(T)］すべてを選択する必要はありません。検討している内容に応じて選択しましょう。今回は［合計(T)］を選択します。これは，全体の中での各セルの割合を出力します。

  ❖ 残差：［調整済みの標準化(A)］を選択します。これを選択することで，各セルの観測された度数が期待された値よりも標準化された値でどれくらい離れているかを表す数値が出力されます。

  ❖ 非整数値の重み付け：通常は各セルの度数（人数など）を表示しますので整数なのですが，データによっては小数値をもつ場合があります（データ入力の方法が異なります）。その場合にどのような対処をするかを設定します。今回はデフォルトのまま。

  ❖ 「続行」をクリック。

> 「OK」をクリック。

第3章　ふたつの変数の分析（関連）＜相関／t 検定／クロス集計＞　**75**

3-6-3 結果の出力

まず，全体のケース数や欠損値がいくつあるかが出力されます。

処理したケースの要約

	有効数		ケース 欠損		合計	
	度数	パーセント	度数	パーセント	度数	パーセント
孤独類型 * 満足度類型	20	100.0%	0	0.0%	20	100.0%

クロス集計表が出力されます。孤独感も満足度も平均より低い人は2人だけ，両方とも高い人は0人でした。満足度は高くて孤独感が低い人は8人，満足度が低くて孤独感が高い人は10人です。

調整済み残差の値は，±1.96を超えるとそのセルの数値が統計的に大きい（小さい）値であることを表します。表中の−3.7は期待度数よりも観測度数が小さいこと，3.7は大きいことを示しています。

孤独類型 と 満足度類型 のクロス表

			満足度類型		合計
			.00	1.00	
孤独類型	.00	度数	2	8	10
		総和の %	10.0%	40.0%	50.0%
		調整済み残差	-3.7	3.7	
	1.00	度数	10	0	10
		総和の %	50.0%	0.0%	50.0%
		調整済み残差	3.7	-3.7	
合計		度数	12	8	20
		総和の %	60.0%	40.0%	100.0%

カイ2乗検定の表が出力されます。

Pearson のカイ 2 乗は，$\chi^2 = 13.333, df = 1, p < .001$ と，0.1％水準で有意な結果が報告されていますが，値の右肩に「a」がついていて欄外に示されているように，度数が 2 と 0 という小さな値です。このような場合には，結果の解釈は慎重にする必要があります。

Fisher の直接法は，$p < .001$ と 0.1％水準で有意です。

カイ 2 乗検定

	値	自由度	漸近有意確率 (両側)	正確な有意確率 (両側)	正確有意確率 (片側)	点有意確率
Pearson のカイ 2 乗	13.333[a]	1	<.001	<.001	<.001	
連続修正[b]	10.208	1	.001			
尤度比	16.912	1	<.001	<.001	<.001	
Fisher の直接法				<.001	<.001	
線型と線型による連関	12.667[c]	1	<.001	<.001	<.001	.000
有効なケースの数	20					

a. 2 セル (50.0%) は期待度数が 5 未満です。最小期待度数は 4.00 です。

b. 2x2 表に対してのみ計算

c. 標準化統計量は -3.559 です。

3-6-4　性別と孤独感

次は性別と孤独類型でクロス集計表とカイ 2 乗検定を出力してみましょう。

同じ分析手法を用います。

● ［分析(A)］ → ［記述統計(E)］ → ［クロス集計表(C)］を選択。

> ［行(O)］に性別［SEX］，［列(C)］に孤独類型を指定します。

> その他の設定は先ほどと同じにします。

> 「OK」をクリック。

結果は次のとおりです。まずは全体の数字を確認します。

第 3 章　ふたつの変数の分析（関連）　＜相関／ t 検定／クロス集計＞　**77**

処理したケースの要約

	ケース					
	有効数		欠損		合計	
	度数	パーセント	度数	パーセント	度数	パーセント
性別 * 孤独類型	20	100.0%	0	0.0%	20	100.0%

　クロス集計表が出力されます。男性は全体で6名しかいませんので，セルの中も2と4と，小さな値になっています。

性別 と 孤独類型 のクロス表

			孤独類型		合計
			.00	1.00	
性別	女性	度数	8	6	14
		総和の %	40.0%	30.0%	70.0%
		調整済み残差	1.0	-1.0	
	男性	度数	2	4	6
		総和の %	10.0%	20.0%	30.0%
		調整済み残差	-1.0	1.0	
合計		度数	10	10	20
		総和の %	50.0%	50.0%	100.0%

　カイ2乗検定の結果は，$\chi^2 = 0.952$, $df = 1$, $p = .628$. と，統計的に有意な結果ではありませんでした。ただし先ほどと同じように，セル内の度数が小さいので欄外に注意が表示されています。

　Fisher の直接法も同じく $p = .628$ と有意ではありません。

カイ 2 乗検定

	値	自由度	漸近有意確率 (両側)	正確な有意確率 (両側)	正確有意確率 (片側)	点有意確率
Pearson のカイ 2 乗	.952[a]	1	.329	.628	.314	
連続修正[b]	.238	1	.626			
尤度比	.966	1	.326	.628	.314	
Fisher の直接法				.628	.314	
線型と線型による連関	.905[c]	1	.342	.628	.314	.244
有効なケースの数	20					

a. 2 セル (50.0%) は期待度数が 5 未満です。最小期待度数は 3.00 です。

b. 2x2 表に対してのみ計算

c. 標準化統計量は .951 です。

3-7　相関・t検定・クロス集計

　ここまで，孤独感と満足度について，相関係数，t 検定，クロス集計によるカイ 2 乗検定と，3 つの分析を行ってきました。

- 相関係数：$r = -.594, p = .006$　……　1%水準で有意な相関係数
- t 検定：孤独類型高群と低群間で満足度の平均値に差が見られるかどうかを検討。孤独感高群の満足度の平均値は 4.800（SD 1.032），低群の満足度の平均値は 3.600（SD 0.516）。t 検定の結果は，$t = 3.286, df = 18, p = .004$ で，1%水準で平均値の差は有意。効果量（Cohen の d）は，$d = 1.470$。
- カイ 2 乗検定：孤独感の高低，満足度の高低の組み合わせによるケースの偏りをカイ 2 乗検定で検討。結果は $\chi^2 = 13.333, df = 1, p < .001$ であり，0.1%水準で有意。ただしセル内のケースが少ないため注意が必要。

　この 3 つの分析は，同じデータについて，形を変えて検討したことを意味します。

　たとえば，縦軸と横軸のスケールは変えますが，100 ケースで $r = -.60$ 程度の相関係数を散布図に描くと次のようなグラフになります。

第 3 章　ふたつの変数の分析（関連）＜相関／t 検定／クロス集計＞　**79**

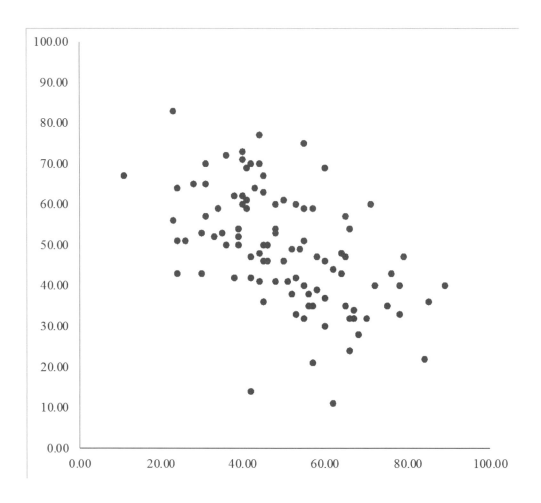

　次に，横軸の孤独感によって高群と低群に分類します。これは，上記のグラフを横方向に分割することを意味します。横軸の孤独感は，間隔尺度から名義尺度への変換が行われたことになります。

　そして，縦軸の満足度について，平均値の差を t 検定で検討します。つまり，分割されたグループごとに平均値を算出して，その差を検討することを意味します。

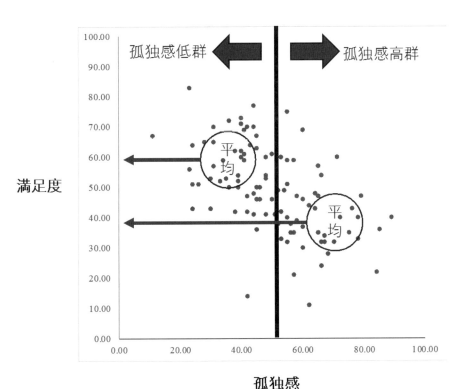

　さらに，縦軸の満足度についても，平均値によって高群と低群に分割します。これも，間隔尺度から名義尺度への変換をおこなったことを意味します。

　図全体が4つのグループに分割されました。もとの散布図の様子からわかるように，左上と右下には多くの点が存在しており，左下と右上の点はより少なくなります。ここでは，それぞれ分割されたグループ内の点つまりケース数（人数）を数えて，その偏りをカイ2乗検定によって検討します。

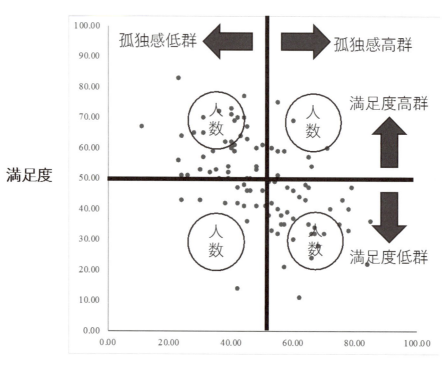

　違う分析は，まったく異なることを行っているかのように感じられるかもしれません。しかし，同じデータに対して違う料理の仕方をしているだけ，という場合もありますので注意が必要です。

3-8　サンプルサイズについて

　カイ2乗検定を行った際にも，セルの中に非常に小さな度数があることで解釈には注意が必要であることが結果に示されていました。また，20程度の**サンプルサイズ**では，中程度の大きさの相関係数が得られたとしても統計的に有意にはなりません。
　一方で，サンプルサイズがとても大きくなると，小さな相関係数や小さな平均値の差でも，統計的に有意だと判断されてしまいます。

SPSS では，研究計画に基づいて検定を行う際に，どの程度のサンプルサイズが必要になるのかを検討するために，**検定力分析**を行うことができます。

● ［分析(A)］ → ［検定力分析(W)］

➤ ［平均(M)］：t 検定や一元配置分散分析について検討できます。

➤ ［比率(P)］：2項検定（比率の差）について検討できます。

➤ ［相関(C)］：相関，順位相関，偏相関について検討できます。

➤ ［回帰分析(R)］：回帰分析について検討できます。

➤ 今回は，［相関(C)］から［Pearson の積率(M)］を選びましょう。

　　✧ ［推定値(Z)］は「サンプルサイズ」

　　✧ ［単一べき乗値(E)］に検定力を入力します。0から1までの値を入力しますが，通常は 0.8 を入力すると良いでしょう。

　　✧ ［Pearson の相関パラメータ(M)］に，予想する相関係数を入力します。これから検討しようとする相関係数について，これまでの研究からどれくらいの値が予想されるかを入力します。たとえば今回は 0.4 と入力してみましょう。

　　✧ ［有意水準(S)］に設定する有意水準を入力します。デフォルトでは 0.05 が入力されています。

　　5%水準：0.05

　　1%水準：0.01

　　0.1%水準：0.001

第 3 章　ふたつの変数の分析（関連）＜相関／t 検定／クロス集計＞　**83**

➢ 「OK」をクリック。

結果は次のようになります。

検定力 .80, 相関係数 .40, 有意確率 .05 を得るのに適切なサンプルサイズは, N = 46 です。46 名以上の調査への参加者を集めると良いでしょう。

検定力分析表

	度数	実際の検定力[b]	検定力	仮定の検定 零	代替	有意確率
Pearson の相関[a]	46	.802	.8	0	.4	.05

a. 両側検定。

b. バイアスを調整した Fisher の z 変換および正規近似に基づきます。

サンプルサイズは, 研究や調査の計画を立てる段階で決めましょう。「もう少しデータを加えれば統計的に有意な結果になるかもしれない」と考えて, データを追加するようなことは決してしないようにしましょう。このような行為は p-hacking（p 値ハッキング）と呼ばれることがあります。

第**4**章

ふたつの変数の分析
（くり返し・非線形）

＜回帰分析／１要因の分散分析＞

今回も，2つの変数を用いた分析について検討しましょう。

4-1　用いるデータ

　新しい経験や情報を求める好奇心について研究をすることになりました。中学生60名（男女30名ずつ）を対象として，1回目の調査を行った2週間後に2回の調査を実施します。好奇心は先行研究で作成されている心理尺度で測定され，複数の質問項目の合計得点で評価されます。まず，好奇心が時間的に安定しているかどうかを検討するために，2週間間隔の好奇心得点の関係を検討します。また，2回目の調査と同時に，好奇心が理科のテスト成績と関連するかどうかを検討します。100点満点の理科のテストを全員が受験し，テストの成績が記録されました。

　データは次のとおりです。

● 変数名は「番号」「性別」「好奇心1」「好奇心2」「成績」。

　➢ 尺度：性別は名義，その他はスケールとします。

	名前	型	幅	小数桁数	ラベル	値	欠損値	列	配置	尺度	役割
1	番号	数値	2	0		なし	なし	12	署右	スケール	入力
2	性別	数値	1	0		なし	なし	12	署右	名義	入力
3	好奇心1	数値	2	0		なし	なし	12	署右	スケール	入力
4	好奇心2	数値	2	0		なし	なし	12	署右	スケール	入力
5	成績	数値	2	0		なし	なし	12	署右	スケール	入力

　➢ データは次のとおりです。

	番号	性別	好奇心1	好奇心2	成績
1	1	1	23	27	86
2	2	0	20	31	71
3	3	1	26	28	71
4	4	1	9	17	74
5	5	1	9	10	58
6	6	0	17	28	73
7	7	1	17	26	77
8	8	1	23	18	67
9	9	0	17	29	82
10	10	0	20	23	79
11	11	0	18	15	88
12	12	1	18	23	72
13	13	0	15	14	69
14	14	1	25	32	82
15	15	0	9	16	75
16	16	1	15	23	73
17	17	0	25	42	53
18	18	1	19	20	79
19	19	0	34	35	74
20	20	0	28	37	74
21	21	1	21	22	65
22	22	1	20	35	71
23	23	0	25	36	67
24	24	0	23	24	83
25	25	0	22	32	68
26	26	0	16	15	65
27	27	1	25	27	69
28	28	0	10	14	65
29	29	1	28	33	75
30	30	0	9	19	75
31	31	1	20	30	72
32	32	1	37	36	68
33	33	1	24	25	78
34	34	1	10	20	69
35	35	0	23	29	72
36	36	1	32	38	60
37	37	1	16	13	71
38	38	1	12	18	86
39	39	0	26	29	73
40	40	0	9	9	50
41	41	0	15	12	64
42	42	0	24	24	82
43	43	1	22	23	77
44	44	1	23	33	69
45	45	0	25	31	74
46	46	0	19	24	69
47	47	1	18	21	67
48	48	0	20	25	80
49	49	1	15	26	76
50	50	0	9	11	62
51	51	0	24	20	77
52	52	1	22	23	81
53	53	1	22	36	70
54	54	0	37	32	73
55	55	0	18	21	68
56	56	0	24	28	68
57	57	1	9	22	82
58	58	0	24	31	65
59	59	1	16	22	68
60	60	1	20	23	75

4-2　対応のある t 検定

　2週間間隔で測定された好奇心について，平均値に差が見られるかどうかを検討します。また，2回の好奇心の間の相関係数も算出しましょう。

　心理学的な得点が安定しているかどうかを検討する際の観点は複数あります。

　時間をおいて行われた測定の間で，平均値に明確な違いが見られないというのは，安定性のひとつの観点です（**平均値の安定性**）。

　また，時間をおいて行われた測定の間で相関係数が大きいことは，2回の測定の間で順位の入れ替わりが少ないことを意味します（**順位の安定性**）。

　今回は，この2つの安定性について検討します。

対応のあるなし

分析を行う際に，「**対応がある**」「**対応がない**」という表現をすることがあります。

対応があるデータとは，データが同一の対象や関連のある対象から得られたものであることを表現します。たとえ異なる条件下でも，同じ対象者からくり返し得られたデータは「対応があるデータ」と言えます。

対応のないデータは，異なる個人から得られたデータだと考えれば良いでしょう。

対応のあるデータの比較は，グループの中の比較を行うことを指します。一方で対応のないデータの比較は，グループ間で比較することを指します。

4-2-1　分析の指定

● ［分析(A)］ → ［平均値と比率の比較］ → ［対応のあるサンプルの t 検定(P)］を選択。

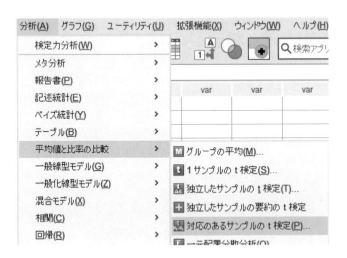

➢ ［対応のある変数（R）］の［変数 1］に「好奇心 1」，［変数 2］に「好奇心 2」を指定します。順番に選んでいけば，順に指定されます。

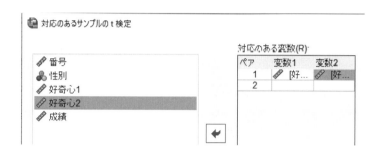

➢ ［オプション（O）］をクリック。
  ✧ ［信頼区間のパーセント（P）］は，デフォルトで「95％」が指定されているのでそのままにします。
  ✧ 「欠損値」で，［分析ごとに除外（A）］か［リストごとに除外（L）］を選択します。データに欠損値があって，分析ごとに最大の数で進めたいときには［分析ごとに除外（A）］を，ひとつでも欠損値のあるケースを除外して分析を進めたいときには［リストごとに除外（L）］を選択します。今回は欠損値はありませんので，デフォルトである［分析ごとに除外（A）］のままで問題ありません。
  ✧ 「続行」をクリック。
➢ ［効果サイズの推定（E）］にチェックが入っていることを確認します。
  ✧ Cohen の d と Hedges の g を算出する際に，どの値に基づいて算出するのかを指定します。今回は［差の標準偏差（S）］を選択しておきましょう。どの計算を使用したのかについて，レポートに記載しておくと良いでしょう。
➢ 「OK」をクリック。

4-2-2 結果の出力

まず，対応サンプルの統計量の表が出力されます。好奇心1よりも，好奇心2の平均値の方が高くなっています。

対応サンプルの統計量

		平均値	度数	標準偏差	平均値の標準誤差
ペア1	好奇心1	20.13	60	6.806	.879
	好奇心2	24.88	60	7.640	.986

対応サンプルの相関係数の表が出力されます。2回の調査の間における，好奇心どうしの相関係数は $r = .749, p < .001$ となっており，0.1％水準で有意となっています。

対応サンプルの相関係数

		度数	相関係数	有意確率 片側 p 値	有意確率 両側 p 値
ペア1	好奇心1 & 好奇心2	60	.749	<.001	<.001

対応サンプルの検定の表が出力されます。平均値の差（好奇心1から好奇心2が引かれていますので，マイナスの値になっています）。

t 検定の結果は，$t = -7.112, df = 59, p < .001$ ですので，平均値の差は0.1％で有意です。なお，t 値はマイナスの値になっていますが，今回は差があるかどうかだけが問題ですので，レポート等で報告する場合にはマイナスを取って絶対値で報告すれば問題ありません。

対応サンプルの検定

		対応サンプルの差							有意確率	
		平均値	標準偏差	平均値の標準誤差	差の95%信頼区間		t値	自由度	片側p値	両側p値
					下限	上限				
ペア1	好奇心1 - 好奇心2	-4.750	5.174	.668	-6.087	-3.413	7.112	59	<.001	<.001

　対応のあるサンプルの効果サイズが報告されます。**Cohen の d と Hedges の g** の値は，ポイント推定の欄に出力されます。$d = -0.918$ で，$g = -0.906$ という値です。1回目と2回目の間の平均値は，大きな差が見出されたことを意味します。d も g も 1 を超える可能性がある値ですので，1 を下回っても「0.000」と 0 をつける方が望ましいでしょう。

対応のあるサンプルの効果サイズ

			Standardizer[a]	ポイント推定	95%信頼区間	
					下限	上限
ペア1	好奇心1 - 好奇心2	Cohen の d	5.174	-.918	-1.218	-.613
		Hedges の補正	5.241	-.906	-1.202	-.605

a. 効果サイズの推定に使用する分母。
　Cohen の d は、平均値の差のサンプル標準偏差を使用します。
　Hedges の補正は、平均値の差のサンプル標準偏差と補正係数を使用します。

4-3　回帰分析

　時間的に先行する「好奇心1」は，時間が後に測定される「好奇心2」を説明することができるはずです。

4-3-1　分析の指定

● ［分析(A)］ → ［回帰(R)］ → ［線型(L)］ を選択。

第4章　ふたつの変数の分析（くり返し・非線形）〈回帰分析／1要因の分散分析〉　**91**

- ➢ ［従属変数(D)］に「好奇心2」を指定。
- ➢ ［独立変数(I)］に「好奇心1」を指定。
- ➢ ［統計量(S)］をクリック。
  - ✧ 回帰係数の［推定値(E)］と［信頼区間］にチェックを入れます。
    - ※［レベル（%）］は「95」のままでOK。
  - ✧ 「続行」をクリック。
- ➢ 「OK」をクリック。

4-3-2　結果の出力

投入済み変数または除去された変数に，独立変数が示されます。独立変数が複数あったり，より複雑な分析が行われる場合にはここに情報が示されます。

投入済み変数または除去された変数[a]

モデル	投入済み変数	除去された変数	方法
1	好奇心1[b]	.	強制投入法

a. 従属変数 好奇心2
b. 要求された変数がすべて投入されました。

モデルの要約に，重相関係数（R）と決定係数（R2乗），調整済み R2 乗，推定値の標準誤差が示されます。決定係数は，投入された独立変数によって従属変数のばらつきの何％を説明するかを表します。好奇心 1 で好奇心 2 の 56.1％を説明することがわかります。

モデルの要約

モデル	R	R2 乗	調整済み R2 乗	推定値の標準誤差
1	.749[a]	.561	.554	5.103

a. 予測値: (定数)、好奇心1。

分散分析の表では，決定係数が統計的に有意かどうかが示されます。0.1％水準で有意となっています。

分散分析[a]

モデル		平方和	自由度	平均平方	F 値	有意確率
1	回帰	1933.854	1	1933.854	74.264	<.001[b]
	残差	1510.329	58	26.040		
	合計	3444.183	59			

a. 従属変数 好奇心2
b. 予測値: (定数)、好奇心1。

係数の表では，回帰係数が示されます。非標準化回帰係数（B）と標準化回帰係数（β），t 検定を用いた有意確率の計算が行われます。分析の指定でチェックを入れましたので，非標準化係数（B）の 95％信頼区間も出力されます。非標準化係数は偏回帰係数，標準化係数（β）は，標準偏回帰係数と呼ばれます。

非標準化係数を用いると，好奇心 1 で好奇心 2 を予測する数式を立てることができます。

・好奇心 2 ＝ 7.947 ＋ 0.841 ×好奇心 1

たとえば番号1の「好奇心1」は23点ですので，好奇心2の予測は，7.947 + 0.841 × 23 = 27.29点と推定されます。実際のデータにおける「好奇心2」は27点です。もちろん，各個人によって，予測が正確なケースと大きく外れるケースが存在します。

また，今回は独立変数がひとつだけです。このような場合には，標準偏回帰係数(β)と相関係数が一致します（ともに.749という値になっています）。

係数[a]

モデル		非標準化係数 B	標準誤差	標準化係数 ベータ	t値	有意確率	Bの95.0% 信頼区間 下限	上限
1	(定数)	7.947	2.073		3.834	<.001	3.798	12.096
	好奇心1	.841	.098	.749	8.618	<.001	.646	1.037

a. 従属変数 好奇心2

相関係数と散布図を描いてみよう

ここで少し復習してみたいと思います。「好奇心1」「好奇心2」「成績」のお互いの相関係数を算出してみましょう。

- ［分析(A)］ → ［相関(C)］ → ［2変量(B)］を選択。
  - ［変数(V)］に「好奇心1」「好奇心2」「成績」を指定。
  - ［オプション(O)］をクリック。
    - 欠損値で［リストごとに除外(L)］を選択。
      ※平均値や標準偏差は出力しなくてもよいでしょう。
    - 「続行」をクリック。
  - 相関係数は［Pearson(N)］を選択。
  - 有意差検定は［両側(T)］を選択。

> [有意な相関係数に星印を付ける(F)] [下段の三角形のみを表示(G)] [対角を表示] にチェックを入れます。
> 「OK」をクリック。

結果は次のようになります。
好奇心1と好奇心2の間の相関係数は,対応のあるt検定の結果で示された値と同じです。
好奇心1も好奇心2も,成績とは有意な相関を示しませんでした。

相関[b]

		好奇心1	好奇心2	成績
好奇心1	Pearson の相関係数	--		
好奇心2	Pearson の相関係数	.749[**]	--	
	有意確率 (両側)	<.001		
成績	Pearson の相関係数	.100	.084	--
	有意確率 (両側)	.448	.522	

**. 相関係数は 1% 水準で有意 (両側) です。
b. リストごと N=60

次に,好奇心2と成績について,散布図を描いてみましょう。

● [グラフ(G)] → [散布図/ドット(S)]
> 左上の [単純な散布] を選択して [定義(F)] をクリック。
> 単純散布図のウィンドウが表示されます。
  ◇ [Y軸(Y)] に「成績」を指定。
  ◇ [X軸(X)] に「好奇心2」を指定。
> 「OK」をクリック。

第4章　ふたつの変数の分析（くり返し・非線形）＜回帰分析／1要因の分散分析＞　**95**

散布図は次のようになりました。

よく見ると，逆U字型のような，お茶碗を下に向けたようなグラフになっていることがわかるのではないでしょうか。

つまり，好奇心と理科のテスト結果との関係は，直線的ではなく**曲線的**だと考えられるのです。

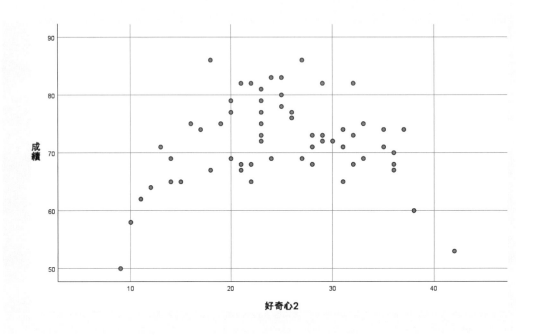

4-4 曲線的な関係を分析する

好奇心と理科の成績との関係は，曲線的であるようです。では，「好奇心2」と「成績」との間の曲線を推定する分析を行ってみましょう。

4-4-1 分析の指定

● ［分析(A)］ → ［回帰(R)］ → ［曲線推定(C)］を選択。

> ［従属変数(D)］に「成績」を指定。
> 「独立」の［変数(V)］に「好奇心2」を指定。
> 「モデル」のチェックについて，適切なものにチェックを入れていきます。今回は「上に凸」のグラフが描かれたことから，［1次(L)］と［2次(Q)］にチェックを入れます。

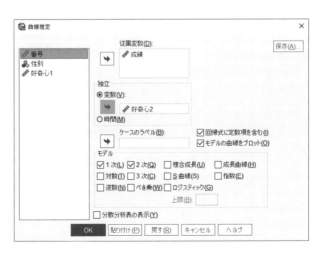

> 「OK」をクリック。

第4章　ふたつの変数の分析（くり返し・非線形）＜回帰分析／1要因の分散分析＞　97

4-4-2　結果の出力

　モデルの説明の表では，どのような分析の指定が行われたかが示されます。今回は1次（直線）と2次（曲線）に推定が行われます。

モデルの説明

モデル名		MOD_2
従属変数	1	成績
方程式 (等式)	1	線型 (1 次)
	2	2 次
独立変数		好奇心2
定数		含む
プロットの中で観測値にラベル付けされた値の変数		指定なし
方程式に投入された項の許容度		.0001

　処理したケースの要約の表では，全体のケース数や欠損値の数が示されます。

　変数処理要約では，データの中の正の値の数，ゼロの数，負の値の数などが報告されます。

処理したケースの要約

	度数
全体ケース	60
除外されたケース[a]	0
予測されたケース	0
新しく作成されたケース	0

a. 変数に欠損値のあるケースは、分析から除外されます。

変数処理要約

		変数	
		従属変数	独立変数
		成績	好奇心2
正の値の数		60	60
ゼロの数		0	0
負の値の数		0	0
欠損値の数	ユーザー欠損	0	0
	システム欠損	0	0

　モデル要約とパラメータ推定値の表では，1次と2次の推定が統計的に有意かどうかが示されます。

今回の結果では，1次は有意ではなく，2次の推定が有意という結果でした。

モデル要約とパラメータ推定値

従属変数: 成績

方程式（等式）	R2乗	F値	自由度1	自由度2	有意確率	定数	b1	b2
線型（1次）	.007	.414	1	58	.522	69.993	.081	
2次	.490	27.437	2	57	<.001	29.046	3.747	-.074

独立変数は 好奇心2 です。

　直線（1次・線型）と曲線（2次）の線を当てはめたグラフも描かれます。2次の曲線がグラフによく当てはまる様子が分かります。はやり，好奇心と理科の成績は曲線的な関係になるようです。

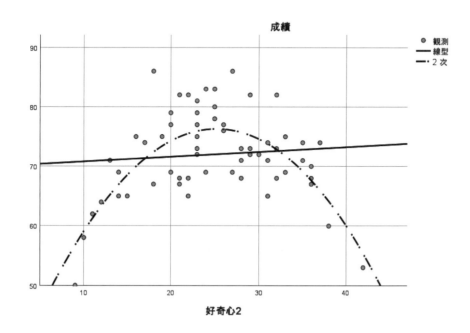

第4章　ふたつの変数の分析（くり返し・非線形）　<回帰分析／1要因の分散分析>

4-5　3グループ以上の間の平均値の差

4-4 で分析をした方法とは異なる方法で，曲線的な関係を分析してみましょう。

4-5-1　好奇心のグループ化

好奇心2の平均値は24.88，標準偏差は7.64です。この平均値と標準編者から，好奇心の得点で3つのグループをつくりましょう。

標準偏差の値を1/2にすると，3.82です。平均値からこの値を引いた値（21.06点）より低い人々を「好奇心低群」，平均値にこの値を加えた値（28.7点）以上の人々を「好奇心高群」，21.06点以上かつ28.7点未満の人々を「好奇心中群」としましょう。

- ［変換(T)］ → ［他の変数への値の再割り当て(R)］ を選択。

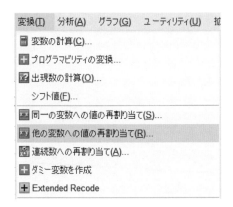

- ［入力変数→出力変数(V)］に，「好奇心2」を指定。ここを選択します。
- 「変換先変数」の［名前(N)］に「好奇心群」と入力。
  - ［変更(H)］をクリック。

> ［今までの値と新しい値(O)］をクリック。
>   ◇ ［範囲：最小値から次の値まで(G)］を選択し，枠内に「21.06」と入力。
>   「新しい値」の［値(L)］に「1」を入力。
>   ［追加(A)］をクリック。
>   ◇ ［範囲：次の値から最大値まで(G)］を選択し，枠内に「28.7」と入力。
>   「新しい値」の［値(L)］に「3」を入力（2ではないので注意）。
>   ［追加(A)］をクリック。
>   ◇ ［その他全ての値(O)］を選択。
>   「新しい値」の［値(L)］に「2」を入力。
>   ［追加(A)］をクリック。

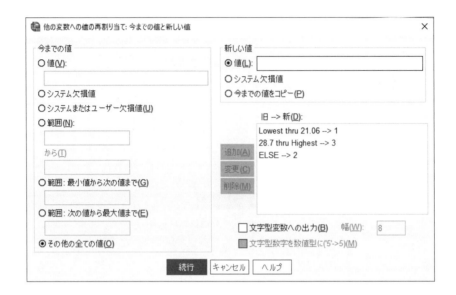

※最小値〜21.06 を「1」，28.7〜最大値を「3」として，その他を「2」とすれば，21.06 から 28.7 までの数値が「2」に指定されます。もとのデータはすべて整数ですので，小数を指定すれば値が含まれるかどうかを気にする必要はありません。

✧ 「続行」をクリック。

➢ 「OK」をクリック。

「好奇心群」の変数とデータが新たに加わっていることを確認してください。

	✐番号	♣性別	✐好奇心1	✐好奇心2	✐成績	♣好奇心群
1	1	1	23	27	86	2.00
2	2	0	20	31	71	3.00
3	3	1	26	28	71	2.00
4	4	1	9	17	74	1.00
5	5	1	9	10	58	1.00
6	6	0	17	28	73	2.00
7	7	1	17	26	77	2.00
8	8	1	23	18	67	1.00
9	9	0	17	29	82	3.00
10	10	0	20	23	79	2.00

さらに，値ラベルを付けましょう。1を「低群」，2を「中群」，3を「高群」とします。

● 変数ビューを開きます。

➢ 「好奇心群」の「値」のセル内をクリックし，「なし」の文字の横の「…」をクリック。

　✧ ＋文字のボタン（**＋**）をクリックします。

　　● ［値(U)］の枠内に「1」を入力し，［ラベル(L)］に「低群」と入力。再び＋文字ボタンをクリック。

　　● ［値(U)］の枠内に「2」を入力し，［ラベル(L)］に「中群」と入力。再び＋文字ボタンをクリック。

　　● ［値(U)］の枠内に「3」を入力し，［ラベル(L)］に「高群」と入力。

第4章　ふたつの変数の分析（くり返し・非線形）　＜回帰分析／1要因の分散分析＞　**103**

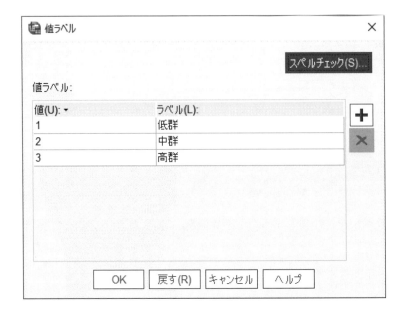

- 「OK」をクリック。

値ラベルが加わっていることを確認しましょう。

データビューを開き，値ラベルボタン（ ）をクリックすると，データ上に値ラベルが表示されます。

	✏️ 番号	🔵 性別	✏️ 好奇心1	✏️ 好奇心2	✏️ 成績	🔵 好奇心群
1	1	1	23	27	86	中群
2	2	0	20	31	71	高群
3	3	1	26	28	71	中群
4	4	1	9	17	74	低群
5	5	1	9	10	58	低群
6	6	0	17	28	73	中群
7	7	1	17	26	77	中群
8	8	1	23	18	67	低群
9	9	0	17	29	82	高群
10	10	0	20	23	79	中群

4-5-2　1要因の分散分析

　好奇心低群・中群・高群の3群で，成績の平均値に差が見られるかどうかを，**1要因の分散分析**で検討します。

　分散分析では，「要因」と「水準」という表現をします。

- **要因**：原因となる変数のこと
- **水準**：ある要因の中にいくつのカテゴリがあるか

　今回の場合，好奇心が「要因」で「1要因」，好奇心の3つのグループが「水準」で「3水準」，つまり「1要因3水準の分散分析を行う」と表現します。

STEP UP

要因と水準

　好奇心の3グループに加えて，性別（男女）も要因に加えて分散分析を行う場合には，どのように表現するのでしょうか。

　好奇心の3グループは「1要因3水準」です。性別は男女の2水準ですので，こちらは「1要因2水準」です。このような場合，「3×2の2要因の分散分析を行う」と表現します。

加えて，データの中に中学生と高校生が含まれているとしましょう。中学と高校なので「学校」という要因を考えます。この学校という要因は，「1要因2水準」です。
　　　好奇心，性別，学校の要因を考慮に入れた分散分析を行うとすれば，「$3 \times 2 \times 2$ の3要因の分散分析を行う」という表現となります。
　　　さらに，要因には「参加者間（被験者間）」と「参加者内（被験者内）」という区別をします。t 検定をする際，対応のない t 検定と対応のある t 検定を区別します。分散分析も同じように，「参加者間（被験者間）」は対応のないグループ間の比較を行うこと，「参加者内（被験者内）」はくり返し得られたデータのようにグループ内の比較を行うことを意味します。

- ［分析(A)］ → ［平均値と比率の比較］ → ［一元配置分散分析(O)］を選択。

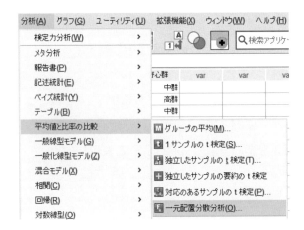

- ［従属変数リスト(E)］に「成績」を指定。
- ［因子(F)］に「好奇心群」を指定。
- ［その後の検定(H)］をクリック。
  - 水準の間の差を検討するための多重比較が示されます。

さまざまな多重比較方法がありますので，各自で調べて出力してみてください。
今回は［Tukey(T)］にチェックを入れます。

- ✧ 「続行」をクリック。
- ➢ ［オプション(O)］をクリック。
  - ✧ 統計の［記述統計量(D)］［固定および変量効果(F)］にチェックを入れます。
  - ✧ ［平均値のプロット(M)］にチェックを入れると，グラフが出力されます。
  - ✧ 欠損値は［分析ごとに除外(A)］で OK。欠損値が存在するときにはいずれかを選びます。

第 4 章　ふたつの変数の分析（くり返し・非線形）　＜回帰分析／1 要因の分散分析＞　　**107**

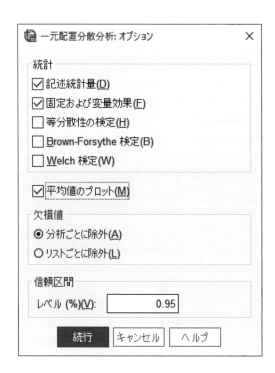

- ✧ 「続行」をクリック。
- ➢ 「OK」をクリック。

4-5-3 結果の出力

記述統計が出力されます。低群，中群，高群それぞれの人数（度数）と平均値を確認しましょう。

低群は 19 名で 69.63，中群は 21 名で 75.68，高群は 20 名で 70.65 です。

記述統計

成績

	度数	平均値	標準偏差	標準誤差	平均値の95% 信頼区間 下限	上限	最小値	最大値	グループ間変動
低群	19	69.63	8.539	1.959	66.62	73.75	50	86	
中群	21	75.48	5.879	1.283	72.80	78.15	65	86	
高群	20	70.65	6.540	1.462	67.59	73.71	53	82	
合計	60	72.02	7.380	.953	70.11	73.92	50	86	
モデル　固定効果			7.029	.907	70.20	73.83			
変量効果				1.820	64.19	79.85			7.455

　分散分析の結果が出力されます。分散分析では，F値を報告します。Fの後に，グループ間とグループ内の自由度を並べて記入しましょう。

$F(2, 57) = 4.015, p = .023$

　3群の間には，5%水準で有意な平均値の差が見られました。この有意な結果は，3つのグループのいずれかの間に差がある可能性を示しています。まだどのグループとどのグループの間に統計的に有意な差が見られるのかはわかりません。

分散分析

成績

	平方和	自由度	平均平方	F 値	有意確率
グループ間	396.774	2	198.387	4.015	.023
グループ内	2816.209	57	49.407		
合計	3212.983	59			

　多重比較の結果が出力されます。

　有意確率が.05未満で［平均値の差（I-J）］にアスタリスクがついているペアの間に，統計的に有意な平均値の差が見られます。結果から，低群と中群との間の平均値の差は有意な値でした。中群と高群，低群と高群の間の平均値の差は統計的に有意とは言えません。

多重比較

従属変数: 成績
Tukey HSD

(I) 好奇心群	(J) 好奇心群	平均値の差 (I-J)	標準誤差	有意確率	95% 信頼区間 下限	上限
低群	中群	-5.845*	2.226	.029	-11.20	-.49
	高群	-1.018	2.252	.894	-6.44	4.40
中群	低群	5.845*	2.226	.029	.49	11.20
	高群	4.826	2.196	.080	-.46	10.11
高群	低群	1.018	2.252	.894	-4.40	6.44
	中群	-4.826	2.196	.080	-10.11	.46

*. 平均値の差は 0.05 水準で有意です。

　等質サブグループの表が出力されます。同じような平均値を示すグループがまとめられます。低群と高群は平均値が近くグループをつくることができそうです。

成績

Tukey HSD[a,b]

好奇心群	度数	α= 0.05 のサブグループ 1	2
低群	19	69.63	
高群	20	70.65	70.65
中群	21		75.48
有意確率		.891	.085

均質なサブセットのグループに対する平均値が表示されます。

a. 調和平均サンプル サイズ = 19.967 を使用

b. グループのサイズが等しくありません。グループのサイズの調和平均が使用されています。タイプ I エラー水準は保証されません。

　平均値のプロットが出力されます。低群と高群の成績が低く，中群が高いことが図示されています。

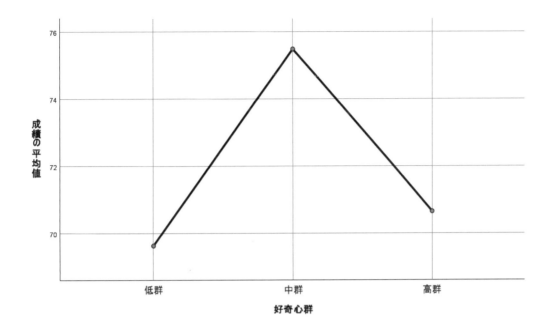

　さて，好奇心は勉強をする上でとても重要な心理的要因だと考えられます。確かに，好奇心が低い生徒よりも，ある程度の好奇心がある生徒の方が理科の成績は高いという結果が示されました。しかし，あまりに好奇心が高いことは，授業の中で教えられることと生徒が知りたいこととの間のギャップが大きく，学校で教えられることへの関心が失われてしまう可能性があります。すると，テストの成績がそれ以上伸びなくなっていき，あまりに好奇心が高いことは，成績にとって逆効果を示す可能性もあるという結果になっています。

　ただし，もちろんこれは架空の研究結果です。実際にはどのような関連が見られるのでしょうか。ぜひ皆さんも，研究計画を立ててみてください。

第 **5** 章

３つの変数の分析
＜相関係数／重回帰分析＞

ここでは，3つの変数を同時に分析する方法を見ていきましょう。

相関係数の算出，重回帰分析，偏相関係数の算出，重回帰分析と話を進めていきます。

5-1　使用するデータ

大学生60名（男女30名ずつ）を対象に調査を行いました。自己中心性と共感性が攻撃性に影響するかどうかを検討するために行われた調査です。

変数は「NO」「性別」「自己中心性」「共感性」「攻撃性」です。NOは整理番号のことで，性別は1が男性で0が女性です。

これまでのデータ入力方法を踏まえて，次のデータを用意してください。

	NO	性別	自己中心性	共感性	攻撃性
1	1	1	29	38	34
2	2	1	34	17	42
3	3	1	40	24	36
4	4	1	39	36	32
5	5	1	28	23	35
6	6	1	38	35	45
7	7	1	38	27	38
8	8	1	38	24	28
9	9	1	34	27	23
10	10	1	37	33	46
11	11	1	30	36	30
12	12	1	39	21	50
13	13	1	41	30	35
14	14	1	39	59	38
15	15	1	45	28	47
16	16	1	33	32	24
17	17	1	32	31	40
18	18	1	52	31	39
19	19	1	35	26	32
20	20	1	30	37	20
21	21	1	37	26	38
22	22	1	42	19	37
23	23	1	42	22	43
24	24	1	39	20	26
25	25	1	35	41	29
26	26	1	46	19	34
27	27	1	30	36	21
28	28	1	37	35	30
29	29	1	31	25	30
30	30	1	32	22	32

	NO	性別	自己中心性	共感性	攻撃性
31	31	0	32	22	29
32	32	0	16	24	23
33	33	0	35	19	32
34	34	0	28	42	28
35	35	0	27	24	34
36	36	0	21	23	39
37	37	0	22	22	26
38	38	0	43	28	37
39	39	0	24	40	16
40	40	0	40	11	39
41	41	0	38	28	22
42	42	0	28	35	38
43	43	0	15	41	18
44	44	0	41	23	34
45	45	0	27	30	35
46	46	0	33	34	9
47	47	0	36	29	33
48	48	0	22	21	32
49	49	0	21	36	30
50	50	0	33	33	27
51	51	0	20	45	26
52	52	0	23	44	5
53	53	0	25	37	26
54	54	0	26	47	13
55	55	0	21	22	26
56	56	0	47	16	52
57	57	0	38	29	17
58	58	0	23	29	23
59	59	0	20	22	39
60	60	0	28	20	24

5-2 記述統計量と相関係数

　まずは,「自己中心性」「共感性」「攻撃性」について, 平均値と標準偏差を確認し, お互いの相関関係も確認しましょう。

5-2-1　分析の指定

● ［分析(A)］　→　［相関(C)］　→　［2変量(B)］を選択。

　➢ ［変数(V)］に「自己中心性」「共感性」「攻撃性」を指定。

　➢ ［オプション(O)］をクリック。

　　◇ ［平均値と標準偏差(M)］にチェック。

　　◇ 欠損値で［リストごとに除外(L)］を選択。

　　◇ 「続行」をクリック。

　➢ 相関係数は［Pearson(N)］を選択。

　➢ 有意差検定は［両側(T)］を選択。

　➢ ［有意な相関係数に星印を付ける(F)］［下段の三角形のみを表示(G)］［対角を表示］にチェックを入れます。

「OK」をクリック。

5-2-2　結果の出力

記述統計で, それぞれの平均値と標準偏差を確認してください。

・自己中心性：$M = 32.58$, $SD = 8.160$

・共感性：$M = 29.27$, $SD = 8.870$

・攻撃性：$M = 31.10$, $SD = 9.481$

記述統計

	平均	標準偏差	度数
自己中心性	32.58	8.160	60
共感性	29.27	8.870	60
攻撃性	31.10	9.481	60

相関で，相互の相関関係を確認します。

自己中心性と共感性との間には低い負の相関が見られますが，統計的に有意ではありません（$r = -.246$, $p = .058$）。

自己中心性と攻撃性との間には正の有意な相関が見られます（$r = .491$, $p < .001$）。

共感性と攻撃性との間には，負の有意な相関が見られます（$r = -.392$, $p < .001$）。

相関[b]

		自己中心性	共感性	攻撃性
自己中心性	Pearson の相関係数	--		
共感性	Pearson の相関係数	-.246	--	
	有意確率 (両側)	.058		
攻撃性	Pearson の相関係数	.491[**]	-.392[**]	--
	有意確率 (両側)	<.001	.002	

**. 相関係数は 1% 水準で有意 (両側) です。

b. リストごと N=60

5-3　重回帰分析

複数の量的な変数で，ひとつの量的な従属変数を予測する分析のことを**重回帰分析**と言います。ここでは，自己中心性と共感性で攻撃性を説明する分析を行ってみましょう。

原因となる変数と，結果となり説明される変数のことを，次のように表現します。

- **原因**：独立変数，説明変数，予測変数など。
- **結果**：従属変数，目的変数，基準変数，アウトカム変数など。

　分析手法や研究の枠組みの中で，さまざまな表現が用いられることがあります。ここでは，どの言葉が原因として考えられている変数で，どの言葉が結果として考えられている変数なのかを区別しておきましょう。

5-3-1　分析の指定

- ［分析(A)］　→　［回帰(R)］　→　［線型(L)］　を選択。
  - ［従属変数(D)］に「攻撃性」を指定。
  - ［独立変数(I)］に「自己中心性」「共感性」を指定。
    - ［方法(M)］についてはデフォルトの［強制投入法］でよいのですが，ほかにも方法があります。

      強制投入：入力した独立変数を1度に分析に投入します。

      ステップワイズ法：それぞれの独立変数についてF値の有意確率が小さい，つまり説明力がもっとも大きいものから順番に分析に投入し，事前に設定した基準（F値の有意確率が.10を超える変数のみ残るなど）を満たしたところで投入をストップします。

      除去：モデル1ですべての独立変数を投入し，モデル2で取り除かれます。

      変数減少法：まずすべての独立変数を投入し，基準に従ってひとつずつ取り除かれ，事前に設定した基準を満たしたところで減少が停止します。

      変数増加法：ステップワイズ法と同じく変数をひとつずつ分析に投入します。基準は従属変数と相関（正負ともに）がもっとも大きいものからです。事前に設定した基準を満たしたところで投入が停止します。

      ※分析者が自分で投入する独立変数の順番を決めることもできます。投入する順番のことをブロックと言います。最初にブロック1で投入する変数（ひとつでも複数でも）を指定し，［次へ(N)］をクリックします。次のブロック2で2段階目

に投入する変数を指定します。各ブロックで投入された独立変数が順番に分析に追加されていきモデルを構成します。各モデル間のこのような分析手法を，階層的重回帰分析と呼びます。

※これらの手法を用いるときには，［統計量(S)］で［R2乗の変化量］にチェックを入れておきましょう。あるモデルと次のモデルで決定係数がどれだけ異なるのか，その差が統計的に有意かどうかが出力されます。

➢ ［統計量(S)］をクリック。

   ❖ 回帰係数の［推定値(E)］と［信頼区間］にチェックを入れます。

     ※［レベル（%）］は「95」のままでOK。

   ❖ ［共線性の診断］にチェックを入れます。

     ※多重共線性の確認をすることができます。

   ❖ 「続行」をクリック。

➢ 「OK」をクリック。

5-3-2 結果の出力

独立変数（説明変数, 予測変数）として指定された変数のリストが表示されます。ステップワイズ法など変数を追加・減少する場合や分析者が自分でブロックを定めて階層的重回帰分析を行う場合には，ここでどのようなモデルが分析されたかを確認することができます。

投入済み変数または除去された変数[a]

モデル	投入済み変数	除去された変数	方法
1	共感性, 自己中心性[b]	．	強制投入法

a. 従属変数 攻撃性

b. 要求された変数がすべて投入されました。

モデルの要約では，重相関係数(R)，決定係数（R2 乗），調整済み R2 乗，推定値の標準誤差が表示されます。

決定係数を確認しましょう。今回は，$R^2 = .319$ です。「自己中心性」と「共感性」で「攻撃性」の分散の約 32% を説明します。

モデルの要約

モデル	R	R2 乗	調整済み R2 乗	推定値の標準誤差
1	.565[a]	.319	.295	7.959

a. 予測値: (定数)、共感性, 自己中心性。

分散分析の結果で，決定係数が有意かどうかを確認します。0.1% 水準で有意となっています。

分散分析[a]

モデル		平方和	自由度	平均平方	F 値	有意確率
1	回帰	1693.006	2	846.503	13.364	<.001[b]
	残差	3610.394	57	63.340		
	合計	5303.400	59			

a. 従属変数 攻撃性

b. 予測値: (定数)、共感性, 自己中心性。

係数で，それぞれの独立変数について結果を確認します。非標準化係数は**偏回帰係数**，標準化係数(β)は，**標準偏回帰係数**と呼ばれます。

・自己中心性：$B = 0.488, \beta = .420, p < .001$
・共感性：$B = -0.308, \beta = -.288, p = .013$（5% 水準で有意）

第 5 章　3 つの変数の分析　＜相関係数／重回帰分析＞　**119**

係数^a

モデル		非標準化係数 B	標準誤差	標準化係数 ベータ	t 値	有意確率	B の 95.0% 信頼区間 下限	上限	共線性の統計量 許容度	VIF
1	(定数)	24.209	6.254		3.871	<.001	11.686	36.732		
	自己中心性	.488	.131	.420	3.727	<.001	.226	.751	.940	1.064
	共感性	-.308	.121	-.288	-2.557	.013	-.549	-.067	.940	1.064

a. 従属変数 攻撃性

多重共線性の問題がないかどうかが出力されます。独立変数が他の独立変数を変換した関係の場合には，分析にエラーが生じます。そこまでの関係ではなくても，独立変数どうしに強い相関が見られると，重回帰分析の結果が不安定でおかしな結果（係数が大きいのに統計的に有意にならないなど）が生じます。このような現象の可能性が示されます。

ただし，多重共線性の判断によく用いられるのは，係数の表に出力される **VIF**（Variance Inflation Factor）です。この値が 10 を超えるようであれば完全な多重共線性が見られることを指し，5 を超えるような値があると問題があると考えられます。

共線性の診断^a

モデル	次元	固有値	条件指数	分散プロパティ (定数)	自己中心性	共感性
1	1	2.894	1.000	.00	.01	.01
	2	.088	5.723	.00	.27	.49
	3	.018	12.793	.99	.73	.50

a. 従属変数 攻撃性

重回帰分析の結果を解釈するときには，相関係数（r）と標準化係数（β）の値を見比べましょう。

・自己中心性と攻撃性：$r = .491$，$\beta = .420$

・共感性と攻撃性：$r = -.392$，$\beta = -.288$

第 4 章で見たように，独立変数がひとつの回帰分析を行う場合には，相関係数（r）と標準偏回帰係数（β）の値は一致します。しかし今回の場合には，相関係数よりも標準偏回帰

係数の方が小さな値となっています。

5-4　偏回帰係数

　次に，1つ以上のほかの変数を統制（コントロール）した際の相関係数を算出する，偏相関係数を算出してみましょう。今回は，共感性を統制した際の自己中心性と攻撃性との偏相関係数と，自己中心性を統制した際の共感性と攻撃性との偏相関係数を算出してみます。

5-4-1　共感性を統制した際の自己中心性と攻撃性との偏相関係数

　まずは，共感性を統制した際の自己中心性と攻撃性との**偏相関係数**を算出します。

● ［分析(A)］　→　［相関(C)］　→　［偏相関(R)］　を選択。
 ➢ ［変数(V)］に「攻撃性」「自己中心性」を指定。
 ➢ ［制御変数(C)］に「共感性」を指定。
 ➢ 「OK」をクリック。

　相関の表に，偏相関係数が出力されます。偏相関係数は，$r_{xy.2} = .443$，$p < .001$ です。

相関

制御変数			攻撃性	自己中心性
共感性	攻撃性	相関係数	1.000	.443
		有意確率 (両側)	.	<.001
		自由度	0	57
	自己中心性	相関係数	.443	1.000
		有意確率 (両側)	<.001	.
		自由度	57	0

第5章　3つの変数の分析　<相関係数／重回帰分析>　**121**

5-4-2 自己中心性を統制した際の共感性と攻撃性との偏相関係数

次に，自己中心性を統制した際の共感性と攻撃性との**偏相関係数**を算出します。

● ［分析(A)］ → ［相関(C)］ → ［偏相関(R)］ を選択。

➤ ［変数(V)］に「攻撃性」「共感性」を指定。

➤ ［制御変数(C)］に「自己中心性」を指定。

➤ 「OK」をクリック。

相関の表に，偏相関係数が出力されます。偏相関係数は，$r_{xy.2} = -.321$，$p = .013$ となり，5％水準で有意です。

相関

制御変数			攻撃性	共感性
自己中心性	攻撃性	相関係数	1.000	-.321
		有意確率 (両側)	.	.013
		自由度	0	57
	共感性	相関係数	-.321	1.000
		有意確率 (両側)	.013	.
		自由度	57	0

では，攻撃性との関係について，偏相関係数の結果も加えてみましょう。

・自己中心性と攻撃性：$r = .491$，$\beta = .420$，$r_{xy.2} = .443$

・共感性と攻撃性：$r = -.392$，$\beta = -.288$，$r_{xy.2} = -.321$

標準偏回帰係数（β）や偏相関係数は，相関係数よりも小さな値になっていることがわかります。これは，重回帰分析で同時に独立変数に投入する，また偏相関係数で統制変数を指定することで，お互いの影響を取り除く（一定に保つ）結果になったからです。他の変

122

数の影響を取り除いて（一定に保って）関連を検討することは，研究を進める中ではとても重要な情報をもたらします。その際も，何も統制を行っていない通常の相関係数との比較を忘れないようにしましょう。

5-5　2要因の分散分析

「自己中心性」と「共感性」について，平均値に基づいて「高群」「低群」に分類しましょう。そして，その組み合わせによって「攻撃性」の平均値が異なるかどうかを分散分析で検討します。

「自己中心性」は「高群」「低群」ですので1要因2水準，「共感性」も「高群」「低群」ですので1要因2水準です。両者をあわせると，2×2の2要因分散分析を行うことになります。

5-5-1　高群と低群の分割

自己中心性の平均値32.58，共感性の平均値29.27を使って，高群と低群のグループをつくります。

- ● ［変換(T)］　→　［他の変数への値の再割り当て(R)］　を選択。
  - ➤ ［入力変数 -> 出力変数(V)］に，「自己中心性」を指定。ここを選択します。
  - ➤ 「変換先変数」の［名前(N)］に「自己中心群」と入力。
    - ◇ ［変更(H)］をクリック。
  - ➤ ［今までの値と新しい値(O)］をクリック。
    - ◇ ［範囲：最小値から次の値まで(G)］を選択し，枠内に「32.58」と入力。
      「新しい値」の［値(L)］に「0」を入力。
      ［追加(A)］をクリック。

第5章　3つの変数の分析　＜相関係数／重回帰分析＞　**123**

♦ ［その他全ての値(O)］を選択。

「新しい値」の［値(L)］に「1」を入力。

［追加(A)］をクリック。

♦ 続行」をクリック。

➢ 「OK」をクリック。

データが追加されたことを確認し，もう一度，［変換(T)］ → ［他の変数への値の再割り当て(R)］ を選択します。

先ほど設定した「自己中心性 -> 自己中心群」の文字を選択して，左向き矢印ボタン（⬅）をクリックすると，選択が外れます。

変数リストから「共感性」を選択して［入力変数 -> 出力変数(V)］に指定します。

自己中心性と同じように，高群と低群を設定しましょう。出力変数名は「共感群」で，分類する基準は，平均値の 29.27 です。

データに変数が追加されていることを確認してください。自己中心性も共感性も，平均値より高い場合に「1」，低い場合に「0」が入力されています。

	NO	性別	自己中心性	共感性	攻撃性	自己中心群	共感群
29	29	1	31	25	30	.00	.00
30	30	1	32	22	32	.00	.00
31	31	0	32	22	29	.00	.00
32	32	0	16	24	23	.00	.00
33	33	0	35	19	32	1.00	.00
34	34	0	28	42	28	.00	1.00
35	35	0	27	24	34	.00	.00
36	36	0	21	23	39	.00	.00
37	37	0	22	22	26	.00	.00
38	38	0	43	28	37	1.00	.00
39	39	0	24	40	16	.00	1.00

5-5-2 分析の指定

　自己中心群と共感群で攻撃性を説明する，2（被験者間）×2（被験者間）の2要因の分散分析を行います。

- ［分析(A)］ → ［一般線型モデル(G)］ → ［1変量(U)］ を選択。

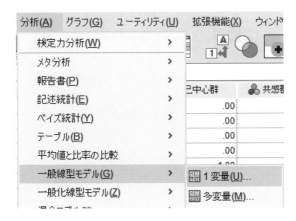

> ［従属変数(D)］に「攻撃性」を指定。
> ［固定因子(F)］に「自己中心群」「共感群」を指定。
> ※固定因子が独立変数を指定する枠になります。
> ※統制する変数があれば［共変量(C)］に指定します。もしも今回の分析で統制変数（たとえば性別）を指定すると，分散分析ではなく共分散分析をすることになります。

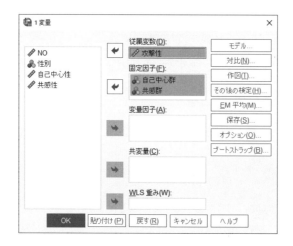

> ［作図(T)］をクリック。
  ◇ ［横軸(H)］に「自己中心群」，［線の定義変数(S)］に「共感群」を指定して［追加(A)］をクリック。
  ◇ グラフの種類は［折れ線グラフ(L)］を選択。
  ◇ エラーバーの［エラーバーを含める(I)］にチェックを入れ，［信頼区間 (95.0%) (O)］を選択します。

  ◇ 「続行」をクリック。

- もしも水準が3以上ある場合には，［その後の検定(H)］で多重比較の指定をしましょう。今回はどちらの要因も2水準ですので必要ありません。なぜなら，有意な効果が見られたのであれば差があり，平均値の差をそのまま解釈すればよいからです。
- ［EM 平均(M)］をクリックします。
    - ［平均値の表示(M)］に「自己中心群」「共感群」「自己中心群 * 共感群」を指定。
    - ［主効果の比較(O)］と［単純な主効果の比較(S)］にチェックを入れます。
    - ［信頼区間の調整(N)］は［Bonferroni］か［Sidak］を選択します。どちらを選択したかについてはレポートや論文の記載することを忘れないようにしましょう。今回は［Bonferroni］を選択します。

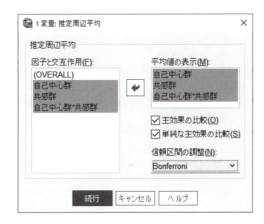

    - 「続行」をクリック。
- ［オプション(O)］をクリック。
    - ［記述統計(D)］と［効果サイズの推定値(E)］にチェックを入れます。
    ※効果量をレポートに記載する機会が増えていますので，効果量を出力する［効果サイズの推定値(E)］にチェックを入れるとよいでしょう。
    - 「続行」をクリック。
- 「OK」をクリック。

5-5-3 結果の出力

多くの出力が出てきます。

被験者間因子では，各要因の各水準における度数（ケース数，人数）を確認してください。

被験者間因子

		度数
自己中心群	.00	28
	1.00	32
共感群	.00	34
	1.00	26

記述統計の表では，自己中心群と共感群の組みあわせ（自己中心性も共感性も低い，自己中心性が低く共感性が高い，自己中心性が高く共感性が低い，自己中心性も共感性も高い）ごとの，攻撃性の平均値や標準偏差，各群の度数（ケース数，人数）を確認することができます。

記述統計

従属変数: 攻撃性

自己中心群	共感群	平均値	標準偏差	度数
.00	.00	30.15	5.610	13
	1.00	25.33	9.817	15
	総和	27.57	8.364	28
1.00	.00	35.24	8.955	21
	1.00	32.18	10.439	11
	総和	34.19	9.437	32
総和	.00	33.29	8.145	34
	1.00	28.23	10.463	26
	総和	31.10	9.481	60

被験者間効果の検定の表が，分散分析の結果となります。

2要因の分散分析では，まず主効果（ある要因だけの効果）を確認します。効果量である「偏イータ2乗（η^2_p）」も出力されます。

・自己中心群：$F(1, 56) = 6.394$, $p = .014$（5％水準で有意），$\eta^2_p = 0.102$

・共感群：$F(1, 56) = 2.786$, $p - .101$（統計的に有意ではない），$\eta^2_p - 0.047$

加えて，交互作用についても検討することができます。

・自己中心群＊共感群：$F(1, 56) = 0.140$, $p = .710$（統計的に有意ではない），$\eta^2_p = 0.002$

もしも交互作用が有意であれば，交互作用の結果に注目して行きます。交互作用が有意でなければ，主効果だけを解釈していきます。

今回の場合は，交互作用が統計的に有意ではありませんので，主効果の結果に注目します。

被験者間効果の検定

従属変数: 攻撃性

ソース	タイプ III 平方和	自由度	平均平方	F 値	有意確率	偏イータ2乗
修正モデル	882.928[a]	3	294.309	3.728	.016	.166
切片	53545.537	1	53545.537	678.333	<.001	.924
自己中心群	504.719	1	504.719	6.394	.014	.102
共感群	219.922	1	219.922	2.786	.101	.047
自己中心群＊共感群	11.033	1	11.033	.140	.710	.002
誤差	4420.472	56	78.937			
総和	63336.000	60				
修正総和	5303.400	59				

a. R2 乗 = .166 (調整済み R2 乗 = .122)

推定周辺平均の出力を見ます。

自己中心群の出力を探しましょう。自己中心群については，0（低群）よりも1（高群）のほうが攻撃性の平均値が高い結果になっています。つまり，自己中心性が高い人々の方が低い人々よりも，攻撃性が高いという結果が見られたことを意味します。

➡ 推定周辺平均

1. 自己中心群

推定値

従属変数: 攻撃性

自己中心群	平均値	標準誤差	95% 信頼区間 下限	95% 信頼区間 上限
.00	27.744	1.683	24.371	31.116
1.00	33.710	1.653	30.398	37.022

ペアごとの比較

従属変数: 攻撃性

(I) 自己中心群	(J) 自己中心群	平均値の差 (I-J)	標準誤差	有意確率[b]	95% 平均差信頼区間[b] 下限	95% 平均差信頼区間[b] 上限
.00	1.00	-5.966*	2.360	.014	-10.693	-1.240
1.00	.00	5.966*	2.360	.014	1.240	10.693

推定周辺平均に基づいた

*. 平均値の差は .05 水準で有意です。

b. 多重比較の調整: Bonferroni。

1 変量検定

従属変数: 攻撃性

	平方和	自由度	平均平方	F 値	有意確率	偏イータ 2 乗
対比	504.719	1	504.719	6.394	.014	.102
誤差	4420.472	56	78.937			

F 値はそれぞれ表示された他の効果の各水準の組み合わせ内の 自己中心群 の量単純効果を検定します。このような検定は推定周辺平均間で線型に独立したペアごとの比較に基づいています。

　グラフも出力されます。共感群が高くても低くても，自己中心群が高い方が低い方よりも攻撃性が高いことがわかります。

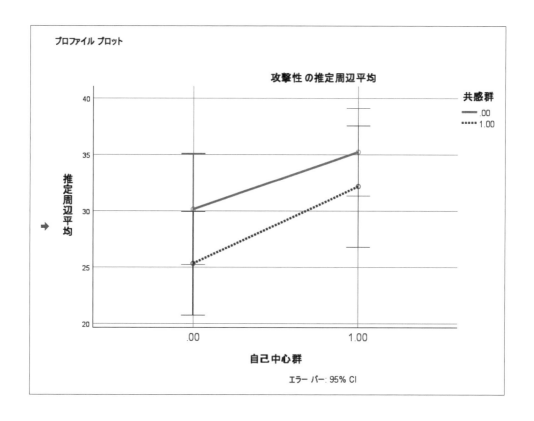

5-6 媒介する様子を描く

　独立変数が従属変数に与える影響が，第三の変数を介して部分的にまたは完全に説明されることを，**媒介効果**と言います。そしてこの第三の変数のことを，**媒介変数**と言います。
　たとえば今回の場合，自己中心性が攻撃性に影響することを仮定してみましょう。ここで，自己中心性が攻撃性に影響する過程で，共感性を媒介することを考えることが可能かもしれません。
　この関係を図に描くと，次のようになります。

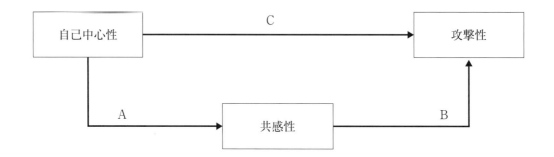

　この分析を行う場合にいくつかの方法があるのですが、一番簡単な方法で試してみましょう。(重)回帰分析を2回繰り返す方法です。

　まず、「共感性」を従属変数、「自己中心性」を独立変数とした回帰分析を行いAを求めます。

　次に、「攻撃性」を従属変数、「自己中心性」「共感性」を独立変数とした重回帰分析を行い、BとCを求めます。

5-6-1　回帰分析

- ［分析(A)］ → ［回帰(R)］ → ［線型(L)］ を選択。
  - ［従属変数(D)］に「共感性」を指定。
  - ［独立変数(I)］に「自己中心性」を指定。
  - 「OK」をクリック。

　モデルの要約でR2乗(決定係数)を確認します。分散分析の結果がR2乗の有意確率です。有意確率は5%水準をぎりぎり満たしていません。

・$R^2 = .060, p = .058$

モデルの要約

モデル	R	R2 乗	調整済み R2 乗	推定値の標準誤差
1	.246[a]	.060	.044	8.672

a. 予測値: (定数)、自己中心性。

分散分析[a]

モデル		平方和	自由度	平均平方	F 値	有意確率
1	回帰	280.279	1	280.279	3.727	.058[b]
	残差	4361.454	58	75.197		
	合計	4641.733	59			

a. 従属変数 共感性

b. 予測値: (定数)、自己中心性。

　係数の表で，非標準化係数（偏回帰係数）と標準化係数（標準偏回帰係数，β）を確認します。

・$B = -0.267$, $\beta = -.246$, $p = .058$

係数[a]

モデル		非標準化係数		標準化係数	t 値	有意確率
		B	標準誤差	ベータ		
1	(定数)	37.970	4.645		8.175	<.001
	自己中心性	-.267	.138	-.246	-1.931	.058

a. 従属変数 共感性

5-6-2　重回帰分析

● ［分析(A)］　→　［回帰(R)］　→　［線型(L)］　を選択。

➢ ［従属変数(D)］に「攻撃性」を指定。

➢ ［独立変数(I)］に「自己中心性」「共感性」を指定。

➢ 「OK」をクリック。

モデルの要約と分散分析で R2 乗（決定係数）の値と有意確率を確認します。

・$R^2 = .319, p < .001$

モデルの要約

モデル	R	R2 乗	調整済み R2 乗	推定値の標準誤差
1	.565[a]	.319	.295	7.959

a. 予測値: (定数)、共感性, 自己中心性。

分散分析[a]

モデル		平方和	自由度	平均平方	F 値	有意確率
1	回帰	1693.006	2	846.503	13.364	<.001[b]
	残差	3610.394	57	63.340		
	合計	5303.400	59			

a. 従属変数 攻撃性
b. 予測値: (定数)、共感性, 自己中心性。

係数で非標準化係数（偏回帰係数）と標準化係数（標準偏回帰係数, β）を確認します。

・自己中心性：$B = 0.488, \beta = .420, p < .001$
・共感性：$B = -0.308, \beta = -.288, p = .013$

係数[a]

モデル		非標準化係数		標準化係数	t 値	有意確率
		B	標準誤差	ベータ		
1	(定数)	24.209	6.254		3.871	<.001
	自己中心性	.488	.131	.420	3.727	<.001
	共感性	-.308	.121	-.288	-2.557	.013

a. 従属変数 攻撃性

5-6-3 まとめる

ここまでの出力から，図の中に数値（B）を書き込んでみます。

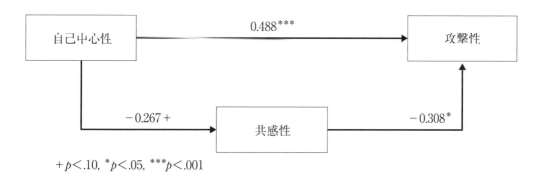

$+p<.10,\ {}^{*}p<.05,\ {}^{***}p<.001$

自己中心性から攻撃性への直接の効果は .488 であるのに対し，自己中心性から共感性を介して攻撃性へと至る間接的な効果は $-0.267 \times -0.308 = 0.082$ という値です。媒介効果が有意かどうかを検討するテスト方法（Sobel test など）や計算方法がインターネット上にありますので調べてみてください。

ちなみに，自己中心性と攻撃性との相関係数は $r = .491$ でした。この分析の結果では，標準偏回帰係数が $\beta = .420$ という値になっています。この .491 から .420 という関連の低下が，共感性を媒介変数にしたことによって生じたと考えられます。

ある変数から別の変数へとつながる過程をうまく説明することができる媒介変数を見つけることは，研究を大きく進展させます。ぜひ考えてみてください。

第 **6** 章

3 つの変数の分析
（交互作用）

＜ 2 要因の分散分析＞

独立変数どうしの組み合わせの効果について検討しましょう。第5章では，独立変数がそれぞれ従属変数と関連することを想定して分析を行いました。しかし研究や分析を進めていくときには，**主効果**だけでなく**交互作用**について検討する機会が多くあります。

6-1　組み合わせの効果

まず，交互作用と呼ばれる組み合わせの効果について，理解を深めましょう。

第5章で，自己中心性が攻撃性と関連するという結果が見られました。この章でも，自己中心性と攻撃性について考えていきたいと思います。また，もうひとつ新たに別の要因として，異文化体験に注目してみましょう。

自己中心性の高いグループと低いグループ，異文化体験が多いグループと少ないグループを考えます。自己中心性の要因は2水準，異文化体験の要因も2水準です。従って第5章でも試みたように，2×2の2要因分散分析を行うことになります。

自己中心性の高低と異文化体験の高低を組み合わせることで，4つのグループができます。縦軸に攻撃性，横軸に自己中心性，線の種類を異文化体験としてグラフを描いてみます。

このグラフでは，3つの要素を確認します。

- 主効果1：全体的に右上がり・左下がりの傾きの程度
- 主効果2：2つの線が互いに離れている程度
- 交互作用：2つの線が平行にならなくなる（交わる・一部が離れる）程度

① 主効果も交互作用もなし

　自己中心性の主効果なし，異文化体験の主効果なし，交互作用なしという，独立変数の効果がまったく見られない場合のグラフです。2本のグラフの線が近く，傾きもほとんど見られません。

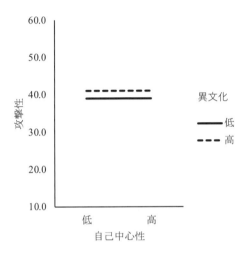

② ひとつの主効果1

　自己中心性の主効果あり，異文化体験の主効果なし，交互作用なしのグラフです。2本の線が近く並行で，同じような傾きを示しています。

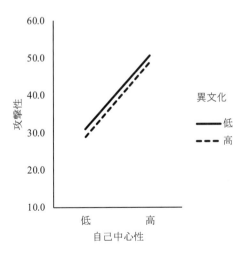

③　ひとつの主効果 2

　自己中心性の主効果なし，異文化体験の主効果あり，交互作用なしのグラフです。2 本の線は平行で傾きがほとんどなく，上下に離れています。②と③を見比べて，それぞれの主効果が見られるときの形を確認してください。

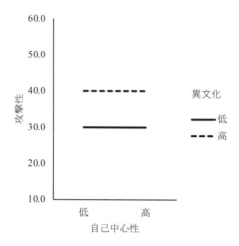

④　ふたつの主効果 1

　自己中心性の主効果あり，異文化体験の主効果あり，交互作用なしのグラフです。2 本の線が上下に離れており並行で，傾いています。このようなグラフでも交互作用は生じていませんので，注意してください。

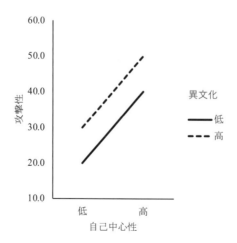

⑤ ふたつの主効果 2

　自己中心性の主効果あり，異文化体験の主効果あり，交互作用なしのグラフです。グラフは右上がりになるとは限りません。傾きが変わっても，2本の線の上下が入れ替わっても，主効果であることには変わりはありません。

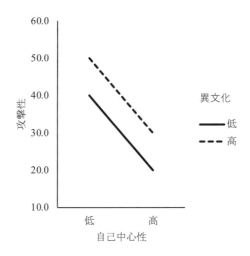

⑥ 交互作用 1

　自己中心性の主効果なし，異文化体験の主効果なし，交互作用ありのグラフです。自己中心性の主効果は，2本の線が同じ方向に傾くことで表現されるのですが，このグラフは×印の形状をしているため自己中心性が低いときも高いときも同じ高さになってしまいますので，主効果は見られません。異文化体験の主効果は2本の線が平行で離れることで表現されますが，異文化体験が低いときも高いときも平均は同じ位置に来てしまいます。交互作用は，自己中心性と異文化が組み合わさることの効果を表現します。自己中心性だけでも効果は見られず，異文化体験だけでも効果は見られないのですが組み合わさったときに独自の効果が生じます。

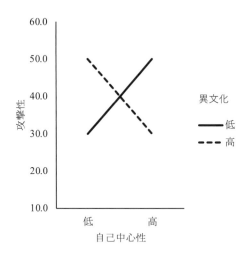

⑦ 主効果と交互作用1

　自己中心性の主効果あり（の可能性），異文化体験の主効果あり（の可能性），交互作用ありのグラフです。自己中心性の主効果は，自己中心性が低のときの2本の直線の間から，高のときの2本の直線の間の傾きで表現されます。異文化体験の主効果は，2本の直線の上下の離れ具合で表現されます。交互作用は組み合わせで表現されます。この場合，自己中心性が高く異文化体験が高いときだけ，大きく攻撃性が高まることを示しています。

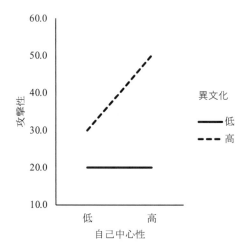

⑧ 主効果と交互作用 2

　自己中心性の主効果あり（の可能性），異文化体験の主効果あり（の可能性），交互作用ありのグラフです。全体的に右下がりであっても，組み合わせの効果が見られる場合には交互作用が有意になる可能性が高くなります。

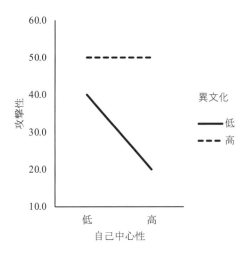

　なお，実際に主効果や交互作用が統計的異に有意になるかどうかは，サンプルサイズや得点の状況によって変わってきます。ここでは，おおまかなグラフの形と解釈の仕方を確認してください。

6-2　データの準備

　今回のデータは，次の5つの変数が含まれています。「NO」（整理番号），「性別」（女性0，男性1），「異文化体験」（1点から6点），「自己中心性」，「攻撃性」です。研究の目的としては，海外に留学をして異文化体験を強く経験することが，自己中心性と攻撃性との関連の大きさに関わってくるのかどうかを検討することです。調査は，海外に留学経験のある男女100名に対して実施されています。

以下のデータを参照して，データの準備を進めてください。

	NO	性別	異文化体験	自己中心性	攻撃性
1	1	1	2	28	30
2	2	1	3	31	37
3	3	1	2	39	35
4	4	0	4	25	35
5	5	0	5	42	33
6	6	1	6	44	26
7	7	1	3	29	31
8	8	0	2	32	33
9	9	1	6	51	28
10	10	1	2	38	47
11	11	0	4	27	27
12	12	1	2	41	46
13	13	1	4	23	24
14	14	1	5	45	21
15	15	0	4	39	28
16	16	1	2	28	29
17	17	0	6	29	24
18	18	0	5	22	23
19	19	0	3	27	20
20	20	1	4	38	42
21	21	0	5	36	29
22	22	0	4	37	32
23	23	1	3	31	34
24	24	1	3	34	32
25	25	1	4	41	25
26	26	0	4	33	29
27	27	0	1	34	37
28	28	1	3	25	19
29	29	1	2	44	38
30	30	0	4	49	23
31	31	0	1	33	35
32	32	0	1	50	44
33	33	1	4	39	18
34	34	0	3	42	32
35	35	1	3	47	35
36	36	0	5	43	29
37	37	0	2	28	25
38	38	0	5	43	32
39	39	1	5	34	33
40	40	0	6	19	35
41	41	0	6	30	30
42	42	0	3	18	22
43	43	0	3	38	38
44	44	1	2	41	43
45	45	1	3	35	27
46	46	1	2	29	42
47	47	0	5	23	27
48	48	1	2	32	25
49	49	0	3	22	23
50	50	0	5	65	25

	NO	性別	異文化体験	自己中心性	攻撃性
51	51	0	2	34	33
52	52	1	4	27	23
53	53	0	2	32	41
54	54	1	3	26	24
55	55	0	5	45	21
56	56	1	1	40	37
57	57	0	3	28	31
58	58	1	5	37	38
59	59	1	5	35	30
60	60	0	3	40	27
61	61	0	4	27	18
62	62	1	3	44	41
63	63	1	4	37	19
64	64	0	4	43	21
65	65	1	5	43	19
66	66	0	5	29	33
67	67	0	4	22	33
68	68	1	1	33	36
69	69	0	4	29	30
70	70	0	6	42	30
71	71	0	3	32	23
72	72	1	3	26	38
73	73	1	6	20	38
74	74	1	5	22	34
75	75	0	4	24	27
76	76	1	2	34	35
77	77	0	1	29	26
78	78	1	5	29	24
79	79	1	6	26	36
80	80	0	3	18	20
81	81	1	5	26	30
82	82	1	2	34	43
83	83	0	5	39	18
84	84	1	4	35	23
85	85	0	3	34	34
86	86	0	4	43	38
87	87	0	3	26	27
88	88	0	2	36	35
89	89	1	6	25	22
90	90	1	4	28	50
91	91	1	2	45	50
92	92	0	3	32	29
93	93	0	2	26	28
94	94	1	1	28	33
95	95	1	3	32	37
96	96	0	4	22	45
97	97	1	1	30	36
98	98	0	3	35	30
99	99	1	4	26	31
100	100	1	4	25	33

6-3 分析の準備

　まず，「異文化体験」「自己中心性」「攻撃性」について，平均値と標準偏差，相関係数を算出して得点の様子と関係性を確認しましょう。

● ［分析(A)］ → ［相関(C)］ → ［2変量(B)］を選択。

> ［変数(V)］に「異文化体験」「自己中心性」「攻撃性」を指定。

> ［オプション(O)］をクリック。

　◇ ［平均値と標準偏差(M)］にチェック。

　◇ 欠損値で［リストごとに除外(L)］を選択。

　◇ 「続行」をクリック。

> 相関係数は［Pearson(N)］を選択。

> 有意差検定は［両側(T)］を選択。

> ［有意な相関係数に星印を付ける(F)］［下段の三角形のみを表示(G)］［対角を表示］にチェックを入れます。

> 「OK」をクリック。

結果の出力は次の通りです。

平均値と標準偏差は次の通りでした。

・異文化体験：$M = 3.52$, $SD = 1.418$

・自己中心性：$M = 33.33$, $SD = 8.380$

・攻撃性：$M = 30.95$, $SD = 7.489$

記述統計

	平均	標準偏差	度数
異文化体験	3.52	1.418	100
自己中心性	33.33	8.380	100
攻撃性	30.95	7.489	100

第6章　3つの変数の分析（交互作用）＜2要因の分散分析＞　**145**

相関関係を確認しましょう。異文化体験と自己中心性との相関は有意ではありません（r = .004, p = .968）。異文化体験と攻撃性は有意な負の相関（r = − .339, p < .001），自己中心性と攻撃性との間には統計的に有意な関連が見られませんでした（r = .102, p = .311）となっています。自己中心性と攻撃性との間の関連が見られないというのは不思議ですが，もしかしたら留学生という特殊な集団に調査を行ったからかもしれません。

相関[b]

		異文化体験	自己中心性	攻撃性
異文化体験	Pearson の相関係数	--		
自己中心性	Pearson の相関係数	.004	--	
	有意確率 (両側)	.968		
攻撃性	Pearson の相関係数	-.339[**]	.102	--
	有意確率 (両側)	<.001	.311	

**. 相関係数は 1% 水準で有意 (両側) です。
b. リストごと N=100

「異文化体験」と「自己中心性」について，平均値で高群（1点）と低群（0点）に分類します。

● ［変換(T)］ → ［他の変数への値の再割り当て(R)］ を選択。
　➤ ［入力変数 -> 出力変数(V)］に，「異文化体験」を指定。ここを選択します。
　➤ 「変換先変数」の ［名前(N)］ に「異文化体験群」と入力。
　　✧ ［変更(H)］をクリック。
　➤ ［今までの値と新しい値(O)］をクリック。
　　✧ ［範囲：最小値から次の値まで(G)］を選択し，枠内に「3.52」と入力。
　　　「新しい値」の ［値(L)］ に「0」を入力。
　　　［追加(A)］をクリック。
　　✧ ［その他全ての値(O)］を選択。
　　　「新しい値」の ［値(L)］ に「1」を入力。
　　　［追加(A)］をクリック。
　　✧ 続行」をクリック。
　➤ 「OK」をクリック。

データが追加されたことを確認し，もう一度，［変換(T)］ → ［他の変数への値の再割り当て(R)］ を選択します。

先ほど設定した「異文化体験 -> 異文化体験群」の文字を選択して，左向き矢印ボタン（⬅）をクリックすると，選択が外れます。

変数リストから「自己中心性」を選択して［入力変数 -> 出力変数(V)］に指定します。

異文化体験と同じように，高群と低群を設定しましょう。出力変数名は「自己中心群」で，分類する基準は，平均値の 33.33 です。

変数とデータが追加されたことを確認しましょう。

	NO	性別	異文化体験	自己中心性	攻撃性	異文化体験群	自己中心群
1	1	1	2	28	30	.00	.00
2	2	1	3	31	37	.00	.00
3	3	1	2	39	35	.00	1.00
4	4	0	4	25	35	1.00	.00
5	5	0	5	42	33	1.00	1.00
6	6	1	6	44	26	1.00	1.00
7	7	1	3	29	31	.00	.00
8	8	0	2	32	33	.00	.00
9	9	1	6	51	28	1.00	1.00
10	10	1	2	38	47	.00	1.00
11	11	0	4	27	27	1.00	.00
12	12	1	2	41	46	.00	1.00

6-4　2要因の分散分析

「異文化体験群」「自己中心群」を独立変数，「攻撃性」を従属変数とする，2×2の**2要因分散分析**を行いましょう。

6-4-1　分析の指定

● ［分析(A)］ → ［一般線型モデル(G)］ → ［1変量(U)］ を選択。

➢ ［従属変数(D)］に「攻撃性」を指定。

➢ ［固定因子(F)］に「異文化体験群」「自己中心群」を指定。

➢ ［作図(T)］をクリック。

第6章　3つの変数の分析（交互作用）＜2要因の分散分析＞　**147**

✧ ［横軸(H)］に「自己中心群」，［線の定義変数(S)］に「異文化体験群」を指定して［追加(A)］をクリック。

✧ グラフの種類は［折れ線グラフ(L)］を選択。

✧ エラーバーの［エラーバーを含める(I)］にチェックを入れ，［信頼区間（95.0%）(O)］を選択します。

✧ 「続行」をクリック。

➢ ［EM 平均(M)］をクリックします。

✧ ［平均値の表示(M)］に「異文化体験群」「自己中心群」「異文化体験群 * 自己中心群」を指定。

✧ ［主効果の比較(O)］と［単純な主効果の比較(S)］にチェックを入れます。

✧ ［信頼区間の調整(N)］は［Bonferroni］を選択します。

✧ 「続行」をクリック。

➢ ［オプション(O)］をクリック。

✧ ［記述統計(D)］と［効果サイズの推定値(E)］にチェックを入れます。

✧ 「続行」をクリック。

➢ 「OK」をクリック。

6-4-2 結果の出力

「異文化体験群」「自己中心群」それぞれについて，高群と低群の人数が出力されます。

被験者間因子

		度数
異文化体験群	.00	50
	1.00	50
自己中心群	.00	53
	1.00	47

「異文化体験群」「自己中心群」の高低の組み合わせによる 4 群それぞれの人数が表示されます。

記述統計

従属変数: 攻撃性

異文化体験群	自己中心群	平均値	標準偏差	度数
.00	.00	29.79	6.551	28
	1.00	37.23	6.279	22
	総和	33.06	7.380	50
1.00	.00	30.44	7.235	25
	1.00	27.24	6.629	25
	総和	28.84	7.055	50
総和	.00	30.09	6.823	53
	1.00	31.91	8.142	47
	総和	30.95	7.489	100

こちらが分散分析の結果になります。異文化体験群の主効果は 0.1% 水準で有意，自己中心群の主効果は有意ではありませんでした。

・異文化体験群の主効果：$F(1, 96) = 12.074$, $p < .001$, $\eta_\mathrm{p}^2 = 0.112$
・自己中心群の主効果：$F(1, 96) = 2.494$, $p = .118$, $\eta_\mathrm{p}^2 = 0.025$

交互作用が有意になりました。

・異文化体験群と自己中心群の交互作用：$F(1, 96) = 15.697$, $p < .001$, $\eta_\mathrm{p}^2 = 0.141$

被験者間効果の検定

従属変数: 攻撃性

ソース	タイプ III 平方和	自由度	平均平方	F 値	有意確率	偏イータ 2 乗
修正モデル	1255.452^a	3	418.484	9.349	<.001	.226
切片	96472.382	1	96472.382	2155.156	<.001	.957
異文化体験群	540.456	1	540.456	12.074	<.001	.112
自己中心群	111.627	1	111.627	2.494	.118	.025
異文化体験群 * 自己中心群	702.634	1	702.634	15.697	<.001	.141
誤差	4297.298	96	44.764			
総和	101343.000	100				
修正総和	5552.750	99				

a. R2 乗 = .226 (調整済み R2 乗 = .202)

第 6 章　3 つの変数の分析（交互作用）＜2 要因の分散分析＞

推定周辺平均で，それぞれの平均値の違いを確認します。

まずは異文化体験群による攻撃性の平均値の差です。主効果が有意になりましたので，この平均値の差は統計的に有意な差だと言えます。

・低群(0)：$M = 33.506$

・高群(1)：$M = 28.840$

推定周辺平均

1. 異文化体験群

推定値

従属変数: 攻撃性

異文化体験群	平均値	標準誤差	95% 信頼区間	
			下限	上限
.00	33.506	.953	31.615	35.398
1.00	28.840	.946	26.962	30.718

ペアごとの比較

従属変数: 攻撃性

(I) 異文化体験群	(J) 異文化体験群	平均値の差 (I-J)	標準誤差	有意確率[b]	95% 平均差信頼区間[b]	
					下限	上限
.00	1.00	4.666*	1.343	<.001	2.001	7.332
1.00	.00	-4.666*	1.343	<.001	-7.332	-2.001

推定周辺平均に基づいた

*. 平均値の差は .05 水準で有意です。

b. 多重比較の調整: Bonferroni。

1 変量検定

従属変数: 攻撃性

	平方和	自由度	平均平方	F 値	有意確率	偏イータ 2 乗
対比	540.456	1	540.456	12.074	<.001	.112
誤差	4297.298	96	44.764			

F 値はそれぞれ表示された他の効果の各水準の組み合わせ内の 異文化体験群 の量単純効果を検定します。このような検定は推定周辺平均間で線型に独立したペアごとの比較に基づいています。

次に自己中心群の高低における攻撃性の平均値の差です。こちらは主効果が有意になりませんでしたので，平均値の差は有意ではありません。

・低群(0)：$M = 30.113$

・高群(1)：$M = 32.234$

2. 自己中心群

推定値

従属変数: 攻撃性

自己中心群	平均値	標準誤差	95% 信頼区間	
			下限	上限
.00	30.113	.920	28.286	31.940
1.00	32.234	.978	30.292	34.175

ペアごとの比較

従属変数: 攻撃性

(I) 自己中心群	(J) 自己中心群	平均値の差 (I-J)	標準誤差	有意確率[a]	95% 平均差信頼区間[a]	
					下限	上限
.00	1.00	-2.121	1.343	.118	-4.787	.545
1.00	.00	2.121	1.343	.118	-.545	4.787

推定周辺平均に基づいた

a. 多重比較の調整: Bonferroni。

1 変量検定

従属変数: 攻撃性

	平方和	自由度	平均平方	F 値	有意確率	偏イータ 2 乗
対比	111.627	1	111.627	2.494	.118	.025
誤差	4297.298	96	44.764			

F 値はそれぞれ表示された他の効果の各水準の組み合わせ内の 自己中心群 の量単純効果を検定します。このような検定は推定周辺平均間で線型に独立したペアごとの比較に基づいています。

異文化体験群×自己中心群の交互作用に関係する出力は2つ，出力されます。

まずはこちらから。注目するのは「ペアごとの比較」と「1 変量検定」の結果です。

ペアごとの比較では，「ある要因における別の要因の水準間の差」の結果が出力されます。この場合，自己中心群の低群の場合(0) には，異文化体験の高低で攻撃性の平均値の差が

第6章 3つの変数の分析（交互作用）＜2要因の分散分析＞ 151

有意ではありませんが（$p = .723$），自己中心群の高群の場合(1) には，異文化体験の高低で攻撃性の平均値の差が有意になります（$p < .001$）。

また1変量検定の結果では，交互作用が有意なときの下位検定である**単純主効果の検定**結果が出力されます。自己中心群の低群(0) のときに，異文化体験の単純主効果は有意ではない（$F(1, 96) = 0.126$, $p = .723$, $\eta_\mathrm{p}^2 = 0.001$）のですが，自己中心群の高群(1) のときには，異文化体験の単純主効果は有意だと言うことが示されています（$F(1, 96) = 20.076$, $p < .001$, $\eta_\mathrm{p}^2 = 0.214$）。

3. 異文化体験群 * 自己中心群

推定値

従属変数: 攻撃性

異文化体験群	自己中心群	平均値	標準誤差	95% 信頼区間	
				下限	上限
.00	.00	29.786	1.264	27.276	32.296
	1.00	37.227	1.426	34.396	40.059
1.00	.00	30.440	1.338	27.784	33.096
	1.00	27.240	1.338	24.584	29.896

ペアごとの比較

従属変数: 攻撃性

自己中心群	(I) 異文化体験群	(J) 異文化体験群	平均値の差 (I-J)	標準誤差	有意確率[b]	95% 平均差信頼区間[b]	
						下限	上限
.00	.00	1.00	-.654	1.841	.723	-4.309	3.000
	1.00	.00	.654	1.841	.723	-3.000	4.309
1.00	.00	1.00	9.987*	1.956	<.001	6.105	13.870
	1.00	.00	-9.987*	1.956	<.001	-13.870	-6.105

推定周辺平均に基づいた

*. 平均値の差は .05 水準で有意です。

b. 多重比較の調整: Bonferroni。

1 変量検定

従属変数: 攻撃性

自己中心群		平方和	自由度	平均平方	F 値	有意確率	偏イータ 2 乗
.00	対比	5.654	1	5.654	.126	.723	.001
	誤差	4297.298	96	44.764			
1.00	対比	1167.236	1	1167.236	26.076	<.001	.214
	誤差	4297.298	96	44.764			

F 値は 異文化体験群 の多変量効果を検定します。これらの検定は、推定周辺平均中の一時独立対比較検定に基づいています。

異文化体験群×自己中心群の交互作用に関係する出力がもうひとつ，出力されます。なぜなら，自己中心群の各水準における単純主効果と，異文化体験軍の各水準における単純主効果を検討する必要があるからです。

　ペアごとの比較を見ると，異文化体験低群(0) では自己中心群間で攻撃性の平均値に有意な差が見られますが（$p < .001$），異文化体験高群(1) では有意な差が見られていません（$p = .094$）。

　1変量検定を見ます。異文化体験低群(0) における自己中心群の単純主効果は有意（$F(1, 96) = 15.241$, $p < .001$, $\eta_p^2 = 0.137$）ですが，異文化体験高群(1) における自己中心群の単純主効果は有意ではありません（$F(1, 96) = 2.856$, $p = .094$, $\eta_p^2 = 0.029$）

4. 異文化体験群 * 自己中心群

推定値

従属変数: 攻撃性

異文化体験群	自己中心群	平均値	標準誤差	95% 信頼区間 下限	95% 信頼区間 上限
.00	.00	29.786	1.264	27.276	32.296
	1.00	37.227	1.426	34.396	40.059
1.00	.00	30.440	1.338	27.784	33.096
	1.00	27.240	1.338	24.584	29.896

ペアごとの比較

従属変数: 攻撃性

異文化体験群	(I) 自己中心群	(J) 自己中心群	平均値の差 (I-J)	標準誤差	有意確率[b]	95% 平均差信頼区間[b] 下限	95% 平均差信頼区間[b] 上限
.00	.00	1.00	-7.442*	1.906	<.001	-11.225	-3.658
	1.00	.00	7.442*	1.906	<.001	3.658	11.225
1.00	.00	1.00	3.200	1.892	.094	-.556	6.956
	1.00	.00	-3.200	1.892	.094	-6.956	.556

推定周辺平均に基づいた

*. 平均値の差は .05 水準で有意です。

b. 多重比較の調整: Bonferroni。

1 変量検定

従属変数: 攻撃性

異文化体験群		平方和	自由度	平均平方	F 値	有意確率	偏イータ 2 乗
.00	対比	682.242	1	682.242	15.241	<.001	.137
	誤差	4297.298	96	44.764			
1.00	対比	128.000	1	128.000	2.859	.094	.029
	誤差	4297.298	96	44.764			

F 値 は 自己中心群 の多変量効果を検定します。これらの検定は、推定周辺平均中の一時独立対比検定に基づいています。

グラフが出力されます。

　異文化体験が多くても少なくても，自己中心性が低い場合には攻撃性は高まりません。しかし自己中心性が高まると，異文化体験が多い場合には攻撃性は高まらない（異文化体験が高い場合に自己中心性の単純主効果は有意ではありませんので「下がる」とは言えません）一方で，異文化体験が少なく自己中心性が高いと攻撃性が高くなる傾向が見られます。

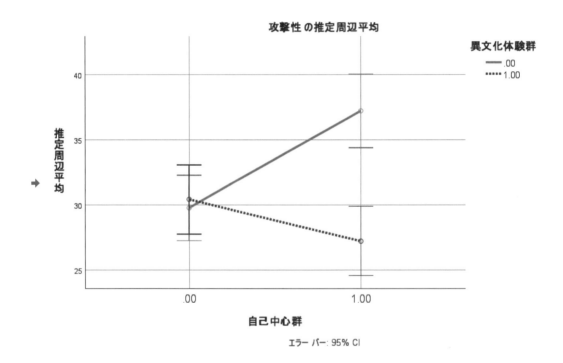

6-5　重回帰分析で交互作用を検討する

　2要因の分散分析を行うことで，自己中心性と異文化体験の交互作用を見出すことがで

きました。しかし，もともと異文化体験も自己中心性も連続的な得点です。平均値で高群と低群に分けるというのは，もっとも人々が集中する場所（平均値近く）で無理に高群と低群に分けてしまうことを意味しています。

では，連続的な得点を連続的な得点のまま，交互作用を検討することはできないでしょうか。ここでは，**重回帰分析**を用いて**交互作用**を検討する方法を試してみましょう。

6-5-1　分析の準備

重回帰分析で交互作用の分析を行う際には，独立変数を**中心化**（各得点から平均値を引く）あるいは**標準化**（各得点から平均値を引き標準偏差で割る）という準備が必要になります。今回の場合，「異文化体験」の平均値は 3.52，「自己中心性」の平均値は 33.33 です。各得点からこれらの値を引き引き算します。

加えて，交互作用項を作成します。平均値を引いて中心化した得点同士を掛け算し，掛け算をした得点を別の変数に入れます。

● ［変換(T)］ → ［変数の計算(C)］ を選択。
  ➢ ［目標変数(T)］に「異文化体験 C」と入力。
  ➢ ［数式(E)］の枠内に，次の数式を入力します。
   異文化体験 − 3.52
   「異文化体験」を入力するときには，入力ミスを避けるため直接入力するのではなく，変数リストの中から選んで右向き矢印ボタン（　）をクリックしましょう。
  ➢ 「OK」をクリック。

同じ方法で，「自己中心性」の平均値から中心化された「自己中心性 C」の値を算出しましょう。

次に交互作用項を計算します。

- ［変換(T)］ → ［変数の計算(C)］ を選択。
  - ➢ ［目標変数(T)］に「交互作用」と入力。
  - ➢ ［数式(E)］の枠内に，次の数式を入力します。

    異文化体験 C * 自己中心性 C
  - ➢ 「OK」をクリック。

データに新しい変数と数値が加わっていることを確認します。

	⬕ 異文化体験	⬕ 自己中心性	⬕ 攻撃性	⬗ 異文化体験群	⬗ 自己中心群	⬕ 異文化体験C	⬕ 自己中心性C	⬕ 交互作用
1	2	28	30	.00	.00	-1.52	-5.33	8.10
2	3	31	37	.00	.00	-.52	-2.33	1.21
3	2	39	35	.00	1.00	-1.52	5.67	-8.62
4	4	25	35	1.00	.00	.48	-8.33	-4.00
5	5	42	33	1.00	1.00	1.48	8.67	12.83
6	6	44	26	1.00	1.00	2.48	10.67	26.46
7	3	29	31	.00	.00	-.52	-4.33	2.25

6-5-2　階層的重回帰分析

　今回は，主効果（異文化体験 C と自己中心性 C）で分析を行って，さらに交互作用項（異文化体験 C * 自己中心性 C）の影響があるかどうかを**階層的重回帰分析**で検討してみたいと思います。

- ［分析(A)］ → ［回帰(R)］ → ［線型(L)］ を選択。
  - ➢ ［従属変数(D)］に「攻撃性」を指定。
  - ➢ ブロック 1/1 の［独立変数(I)］に「異文化体験 C」「自己中心性 C」を指定。
  - ➢ ［次へ(N)］をクリック。
  - ➢ ブロック 2/2 の［独立変数(I)］に「交互作用」を指定。
  - ➢ ［方法(M)］は強制投入法。
  - ➢ ［統計量(S)］をクリック。
    - ✧ 回帰係数の［推定値(E)］［信頼区間］にチェックを入れる。信頼区間の［レベル(%)］は「95」で OK。

✧　［モデルの適合度］［R2 乗の変化量］［共線性の診断］にチェックを入れる。

✧　「続行」をクリック。

➢　「OK」をクリック。

6-5-3　結果の出力

　モデルの要約では，モデル 1 とモデル 2 が出力されます。モデル 1 は主効果のみ，モデル 2 は**交互作用項**を投入した分析になります。それぞれのモデルの R2 乗（決定係数）は次の通りです。

・モデル 1：$R^2 = .126$

・モデル 2：$R^2 = .285$

　もうひとつ注目するポイントは，R2 乗変化量と有意確率 F 変化量です。R2 乗変化量は ΔR^2（デルタ R2 乗）と記述される数値です。これは，前のモデルから次のモデルへと進んだときに，決定係数がどれだけ上昇したのか，またその上昇分が統計的に有意かどうかを表します。

　今回の結果では，モデル 2 の $\Delta R^2 = .159$，$p < .001$ と有意な変化量になっています。ちなみにモデル 1 の場合には，ゼロから R2 乗が増加しますので，ΔR^2 は R^2 と同じ値になります。

モデルの要約

モデル	R	R2 乗	調整済み R2 乗	推定値の標準誤差	R2 乗変化量	F 変化量	自由度 1	自由度 2	有意確率 F 変化量
						変化の統計量			
1	.355ᵃ	.126	.108	7.074	.126	6.975	2	97	.001
2	.534ᵇ	.285	.263	6.431	.159	21.374	1	96	<.001

a. 予測値: (定数)、自己中心性C、異文化体験C。

b. 予測値: (定数)、自己中心性C、異文化体験C、交互作用。

　分散分析の表では，モデルの要約におけるモデル 1 とモデル 2 の R2 乗の有意確率として解釈します。

分散分析^a

実際は上付きaなので: 分散分析[a]

モデル		平方和	自由度	平均平方	F 値	有意確率
1	回帰	698.141	2	349.071	6.975	.001[b]
	残差	4854.609	97	50.048		
	合計	5552.750	99			
2	回帰	1582.189	3	527.396	12.751	<.001[c]
	残差	3970.561	96	41.360		
	合計	5552.750	99			

a. 従属変数 攻撃性
b. 予測値: (定数)、自己中心性C, 異文化体験C。
c. 予測値: (定数)、自己中心性C, 異文化体験C, 交互作用。

係数の表で，各モデル，各変数の数値を確認します。

モデル 1 では，異文化体験が負の値で有意，自己中心性は有意ではありません。

・異文化体験 C：$B = -1.794$, $\beta = -.340$, $p < .001$

・自己中心性 C：$B = 0.093$, $\beta = .104$, $p = .277$

モデル 2 では，異文化体験が負，自己中心性が正，交互作用が負の有意な値になっています。

・異文化体験 C：$B = -1.621$, $\beta = -.307$, $p < .001$

・自己中心性 C：$B = 0.235$, $\beta = .263$, $p = .006$

・交互作用：$B = -.257$, $\beta = -.431$, $p < .001$

VIF の値も確認しましょう。いずれも小さな値（最大でも 1.166）ですので，多重共線性の問題はなさそうです。

係数^a

モデル		非標準化係数		標準化係数	t値	有意確率	Bの95.0% 信頼区間		共線性の統計量	
		B	標準誤差	ベータ			下限	上限	許容度	VIF
1	(定数)	30.950	.707		43.749	<.001	29.546	32.354		
	異文化体験C	-1.794	.502	-.340	-3.576	<.001	-2.789	-.798	1.000	1.000
	自己中心性C	.093	.085	.104	1.092	.277	-.076	.261	1.000	1.000
2	(定数)	30.962	.643		48.144	<.001	29.686	32.239		
	異文化体験C	-1.621	.457	-.307	-3.543	<.001	-2.529	-.713	.993	1.007
	自己中心性C	.235	.083	.263	2.828	.006	.070	.400	.863	1.159
	交互作用	-.257	.056	-.431	-4.623	<.001	-.368	-.147	.858	1.166

a. 従属変数 攻撃性

除外された変数には，モデル1では交互作用が分析に入っていないということが示されます。

除外された変数^a

モデル		投入されたときの標準回帰係数	t値	有意確率	偏相関	共線性の統計量		最小許容度
						許容度	VIF	
1	交互作用	-.431^b	-4.623	<.001	-.427	.858	1.166	.858

a. 従属変数 攻撃性

b. モデルの予測値: (定数)、自己中心性C，異文化体験C。

なお，ここでは階層的重回帰分析を行いましたが，必ずしも階層的にする必要はありません。モデル1のみに主効果と交互作用を投入してもOKです。

6-5-4　単純傾斜検定

異文化体験の高群（＋1SD）と低群（－1SD）を加味して，自己中心性を独立変数，攻撃性を従属変数とする**単純傾斜の検定**を行います。

そのために，4つの変数を新たに用意します。

1.　異文化体験高 ＝ 異文化体験C － 標準偏差（1.418）
2.　交互作用高 ＝ 異文化体験高 × 自己中心性C

第6章　3つの変数の分析（交互作用）＜2要因の分散分析＞　**159**

3. 異文化体験低 ＝ 異文化体験 C ＋ 標準偏差（1.418）
4. 交互作用低 ＝ 異文化体験低 × 自己中心性 C

※高いレベルを設定するときは引き算，低いレベルを設定するときは足し算になるので注意

● ［変換(T)］ → ［変数の計算(C)］ を選択。
  ➤ ［目標変数(T)］に「異文化体験高」と入力。
  ➤ ［数式(E)］の枠内に，次の数式を入力します。
    異文化体験 C － 1.418
「OK」をクリック。

同じ要領で，「交互作用高」「異文化体験低」「交互作用低」についても計算してください。
変数の用意ができたら，重回帰分析を実施します。
まずは「異文化体験高」と「交互作用高」を使った重回帰分析です。

● ［分析(A)］ → ［回帰(R)］ → ［線型(L)］ を選択。
  ➤ ［従属変数(D)］に「攻撃性」を指定。
  ➤ ブロック 1/1 に「自己中心性 C」「異文化体験高」「交互作用高」を指定。
  ➤ ［統計量(S)］をクリック。
    ◇ ［推定値(E)］［信頼区間］［モデルの適合度］を選択。
    ◇ 「続行」をクリック。
● 「OK」をクリック。

出力の中で係数の表を確認します。見るのは「自己中心性 C」のところです。
・異文化体験が高いときの自己中心性の効果：$B ＝ － 0.130, \beta ＝ － .146, p ＝ .156$
結果から，異文化体験が多いときには，自己中心性と攻撃性との関連は有意ではないと言えます。

160

係数[a]

モデル		非標準化係数		標準化係数	t 値	有意確率	B の 95.0% 信頼区間	
		B	標準誤差	ベータ			下限	上限
1	(定数)	28.664	.914		31.374	<.001	26.851	30.478
	自己中心性C	-.130	.091	-.146	-1.431	.156	-.311	.050
	異文化体験高	-1.621	.457	-.307	-3.543	<.001	-2.529	-.713
	交互作用高	-.257	.056	-.472	-4.623	<.001	-.368	-.147

a. 従属変数 攻撃性

次に，「異文化体験低」と「交互作用低」を使った重回帰分析です。

● ［分析(A)］ → ［回帰(R)］ → ［線型(L)］ を選択。

➢ ［従属変数(D)］に「攻撃性」を指定。

➢ ブロック 1/1 に「自己中心性 C」「異文化体験低」「交互作用低」を指定。

➢ ［統計量(S)］をクリック。

✧ ［推定値(E)］［信頼区間］［モデルの適合度］を選択。

✧ 「続行」をクリック。

「OK」をクリック。

係数の結果を確認します。見るのは「自己中心性 C」のところです。

・異文化体験が低いときの自己中心性の効果：$B = 0.600$, $\beta = .671$, $p < .001$

結果から，異文化体験が少ないときには，自己中心性と攻撃性との関連は性の有意な関係にあると言えます。

第 6 章　3 つの変数の分析（交互作用）＜ 2 要因の分散分析＞　　**161**

係数ª

モデル		非標準化係数 B	標準誤差	標準化係数 ベータ	t値	有意確率	Bの95.0% 信頼区間 下限	上限
1	(定数)	33.260	.913		36.418	<.001	31.448	35.073
	自己中心性C	.600	.134	.671	4.473	<.001	.334	.866
	異文化体験低	-1.621	.457	-.307	-3.543	<.001	-2.529	-.713
	交互作用低	-.257	.056	-.694	-4.623	<.001	-.368	-.147

a. 従属変数 攻撃性

6-6 調整変数

　ここまでの分析で，異文化体験，自己中心性，攻撃性の関係はおおよそ次のグラフのようになっていることが示されました。

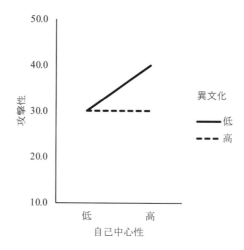

　関連を変化させるような変数のことを**調整変数**と呼びます。そして，関連を変化させるような効果のことを**調整効果**と言います。
　今回のデータの場合，次の図のように，異文化体験が多いときと少ないときとで，自己中心性と攻撃性との関連が変化します。このように関連を変化させる変数である異文化体験は調整変数だと言えます。

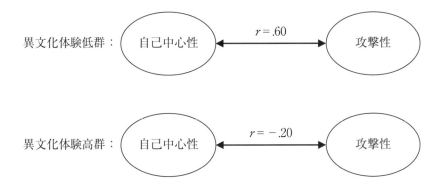

さらに，異文化体験は連続的な得点ととらえることもできます。2要因の分散分析では「高いか低いか」という2つの値だけで分析を行いましたが，低群と高群の間にいくつもの状態が存在します。調整変数はカテゴリとは限らず，連続的に徐々に他の変数間の関連が変化する場合もあるということです。

また，今回は異文化体験を調整変数と考えましたが，自己中心性を調整変数として考えることもできます。異文化体験を調整変数と考えるか，自己中心性を調整変数として考えるかは，これまでに行われた研究とどのような理論にもとづいて分析が行われるかによります。

第3章と第4章で説明した関連，第5章で説明した媒介効果，第6章で説明した調整効果は，研究計画を立てるときの基本となる考え方です。ぜひ考え方をマスターして，世の中の現象を上手く説明する研究へとつなげていってください。

・関連（relationship）…ある変数と別の変数とが関係する
・媒介（mediation）…ある変数と別の変数との関係の間に別の媒介変数が介在する
・調整（moderation）…ある変数と別の変数との関係を変化させる調整変数が存在する

第 **7** 章

多くの変数の分析
＜因子分析①＞

ここでは，多くの分析を整理する方法を学んでいきます。心理学などの実際の研究の場面では，この分析はむしろ「下ごしらえ」の段階であることが多いと言えます。というのも，心理学では複数の指標を加算するなどしてまとめることで「○○得点」を構成し，その得点を用いて分析を進めていくからです。

第6章までに登場してきた攻撃性や共感性，自己中心性といった得点は，ひとつの質問だけから得られるのではなく，複数の質問項目と回答の選択肢のセット（項目）の合計値や，合計値を項目数で割った値（あるいは別の方法）で算出されます。

複数の質問項目のセットのことを，心理尺度（あるいは単に尺度）と呼びます。研究を進めるときには，得点をどのように算出するのかイメージをもっておきましょう。

この章では，因子分析を使って多くの変数を整理する方法を見ていきましょう。

7-1　因子分析のイメージ

因子分析では，観測された複数の変数の背後に**因子（共通因子）**と呼ばれる潜在的な変数を見出すことで，観測された変数間の関連を説明しようと試みる分析手法です。

たとえば10個の質問項目から測定された変数の背後に2つの共通因子が見出されることで，10個の質問項目が2つの背景要因で説明される可能性があると考えることができます。

因子分析では，独特の用語を用います。イメージを図示しながら説明していきたいと思います。

166

たとえば，質問項目が6項目あり，数百人からのデータが得られているとします。6つの質問項目は，右の図のようにお互いに相互に関連しています。関連の様子は一様ではありません。たとえば項目1と項目2とはあまり関連しておらず，項目1と項目3は大きな関連が見られていたりします。

　6項目のあいだの相関係数を算出するだけでも，多くの相関係数について検討することになります。もっと項目が多くなってくると，多くの相関係数の様子を一度に理解することは，なかなか難しいでしょう。

この項目の得点間の関連の情報から，次の図のような関係性を求めていきます。

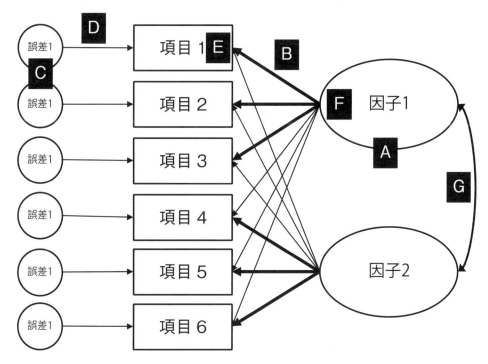

第7章　多くの変数の分析　＜因子分析①＞　**167**

図の A（因子 1，因子 2）は，**共通因子**です。これらは測定された得点ではなく，項目間の関連から推定されるものです。因子分析では，この共通因子をいくつ求めることができるのかを推測することも重要な分析のステップとなります。

　B の矢印は，**因子負荷量**です。共通因子から各変数（項目）に向けて，1 つずつ係数が推定されます。**探索的因子分析（EFA）**の場合，それぞれの因子からすべての変数（項目）への因子負荷量が推定されます。**確認的因子分析（検証的因子分析；CFA）**の場合には，一部の因子負荷量を 0（ゼロ）と仮定したり，過去の研究から数値を仮定したりして，その仮定をどの程度満たすのかを問題とします。

　C の変数は**独自因子（誤差）**と呼ばれます。各変数（項目）に 1 つずつの独自因子が設定されます。

　D の矢印は，独自因子からの影響の程度である**独自性**と呼ばれます。

　E は，あるひとつの変数に対して共通因子からの影響を総合したものです。この図では 2 つの共通因子がありますので，各項目に 2 つの矢印が刺さっています。この刺さってきた矢印の総合的な影響力のことを，**共通性**といいます。

　F は，ひとつの因子から出るすべての矢印を総合したものです。これが，**固有値**と呼ばれる数値のイメージです。固有値が小さい共通因子は，見出されても観測された変数（項目）に対してほとんど影響を及ぼさないことを意味します。

　G は，共通因子どうしの関連である，**因子間相関**を意味します。因子間相関を最初から 0（ゼロ）と仮定する方法が，**バリマックス回転**などに代表される**直交回転**です。因子間相関を 0 に仮定しない方法が，**プロマックス回転**などの**斜交回転**です。

168

7-2　因子分析

　大学生 60 名に対して調査を行い，10 項目で誇大な自己認識を測定する自己誇大感尺度の質問項目への回答を求めました[i]。回答は，「1. 当てはまらない」「2. どちらかというと当てはまらない」「3. どちらともいえない」「4. どちらかというと当てはまる」「5. 当てはまる」です。

1. 私は人よりも優れた人間だ
2. 私は人から注目されたい
3. 私はどちらかというと有能な人間だ
4. 私は人から褒められたい
5. 私は才能にあふれている
6. 私は周囲の人に認められたい
7. 私の発言は一目置かれている
8. 私は人気者になりたい
9. 私はすぐに話の中心になる
10. 私は話題の中心になりたい

　では，分析に用いるデータを用意しましょう。
　変数は「NO」と「S01」から「S10」までです。どの変数も，［尺度］は［スケール］にしましょう。因子分析に用いることができる変数は，間隔尺度または比率尺度の水準です。
　変数名は S01 から S10 とシンプルなものにし，変数のラベルに質問項目の内容を入力します。

---

[i] 本書のために作成した架空の尺度です。

第 7 章　多くの変数の分析　＜因子分析①＞　**169**

【変数ビュー】

	名前	型	幅	小数桁数	ラベル	値	欠損値	列	配置	尺度	役割
1	NO	数値	3	0		なし	なし	11	右	スケール	入力
2	S01	数値	2	0	私は人よりも優れた人間だ	なし	なし	11	右	スケール	入力
3	S02	数値	2	0	私は人から注目されたい	なし	なし	11	右	スケール	入力
4	S03	数値	2	0	私はどちらかというと有能な人間だ	なし	なし	11	右	スケール	入力
5	S04	数値	2	0	私は人から褒められたい	なし	なし	11	右	スケール	入力
6	S05	数値	2	0	私は才能にあふれている	なし	なし	11	右	スケール	入力
7	S06	数値	2	0	私は周囲の人に認められたい	なし	なし	11	右	スケール	入力
8	S07	数値	2	0	私の発言は一目置かれている	なし	なし	11	右	スケール	入力
9	S08	数値	2	0	私は人気者になりたい	なし	なし	11	右	スケール	入力
10	S09	数値	2	0	私はすぐに話の中心になる	なし	なし	11	右	スケール	入力
11	S10	数値	2	0	私は話題の中心になりたい	なし	なし	11	右	スケール	入力

【データビュー】

	NO	S01	S02	S03	S04	S05	S06	S07	S08	S09	S10
1	1	2	2	2	3	2	4	1	4	3	4
2	2	1	2	1	3	1	2	1	4	1	4
3	3	3	5	3	5	2	5	2	5	3	5
4	4	4	4	2	4	3	2	2	2	2	4
5	5	2	3	2	5	2	3	2	5	2	3
6	6	3	4	3	4	2	4	3	4	3	4
7	7	2	4	2	5	2	3	4	5	3	4
8	8	3	4	3	4	3	4	2	4	3	4
9	9	2	4	2	4	2	4	2	5	4	4
10	10	2	2	1	3	1	2	1	4	3	2
11	11	3	4	3	4	3	4	3	5	3	5
12	12	3	5	3	5	3	5	3	5	3	5
13	13	2	5	2	5	2	5	3	5	4	5
14	14	3	4	2	4	2	4	4	5	3	5
15	15	3	4	4	5	3	4	4	4	4	5
16	16	5	5	4	5	3	5	3	4	4	5
17	17	3	4	3	5	3	5	2	4	3	4
18	18	1	4	1	4	2	4	1	4	2	5
19	19	3	2	3	4	3	2	3	4	4	4
20	20	3	4	2	5	3	4	2	5	4	5

<hr>

7-2-1　因子分析の前に

　因子分析を実施する前に，あまりにも偏った得点分布を示すような質問項目が存在しないかどうかを検討しましょう。

　まずは，平均値と標準偏差を算出します。

- ［分析(A)］ → ［記述統計(E)］ → ［記述統計(D)］ を選択。
  - ［変数(V)］に，「S01」から「S10」までを指定。
  - ［オプション(O)］をクリック。
    - ［平均値(M)］にチェック。
    - 散らばりの［標準偏差(T)］［最小値(N)］［最大値(X)］にチェック。
    - 分布の［尖度(K)］［歪度(W)］にチェック。
    - 「続行」をクリック。
  - 「OK」をクリック。

記述統計量の結果を見ていきます。

各項目の得点範囲は1点から5点です。0点や6点など，存在するはずのない得点が存在していないかを確認してください。

中央の値は3点ですので，平均値が1点台や4点台だと要注意だと言えるでしょう。しかし，これだけで問題となるわけではありません。

標準偏差は1前後となっており，「私は話題の中心になりたい」という項目だけ，0.752とやや小さな値を示しています。しかし，これだけで問題となるわけではありません。

歪度は得点分布の非対称性を示します。歪度が0（ゼロ）に近い場合は，分布が左右対称に近いことを表しており，正の値は得点が高い方向に尾を引いていること，負の値は得点が低い方向に尾を引いていることを表します。一般的に，歪度が絶対値で1を超える場合には，分布が歪んでいる可能性を示します。「私は人から褒められたい」「私は人気者になりたい」「私は話題の中心になりたい」の3項目は，歪度がマイナス1を超える値を示しています。しかしやはり，これだけで問題となるわけではありません。

尖度は，SPSSの場合は0（ゼロ）に近いと正規分布に近く，正の値で大きいと分布が尖っており（裾野が薄い），負の値だと分布がなだらかな（裾野が分厚い）ことを表します。「私は人から褒められたい」「私は人気者になりたい」「私は話題の中心になりたい」の3項目は，尖度の値が1を超えています。しかしやはり，これだけで問題となるわけではありません。

第7章　多くの変数の分析 ＜因子分析①＞　**171**

記述統計量

	度数 統計量	最小値 統計量	最大値 統計量	平均値 統計量	標準偏差 統計量	歪度 統計量	歪度 標準誤差	尖度 統計量	尖度 標準誤差
私は人よりも優れた人間だ	60	1	5	2.60	.924	.362	.309	.240	.608
私は人から注目されたい	60	1	5	3.55	.999	-.459	.309	-.479	.608
私はどちらかというと有能な人間だ	60	1	5	2.60	.942	.266	.309	-.435	.608
私は人から褒められたい	60	1	5	4.10	.933	-1.369	.309	2.535	.608
私は才能にあふれている	60	1	5	2.57	.909	.286	.309	.477	.608
私は周囲の人に認められたい	60	1	5	3.73	1.039	-.560	.309	-.421	.608
私の発言は一目置かれている	60	1	5	2.58	.979	.263	.309	-.105	.608
私は人気者になりたい	60	1	5	3.95	.999	-1.059	.309	1.105	.608
私はすぐに話の中心になる	60	1	5	3.10	.752	-.168	.309	.215	.608
私は話題の中心になりたい	60	1	5	4.07	.972	-1.283	.309	1.897	.608
有効なケースの数 (リストごと)	60								

　「私は人から褒められたい」「私は人気者になりたい」「私は話題の中心になりたい」の３項目については，やや注意が必要であるかもしれません。必ず，ヒストグラムや度数分布を描いて，得点分布を確認してください。これら３項目のヒストグラムを描くと，次のようになります。いずれも４番目の選択肢がピークを示し，歪度はマイナスですので左側に裾野を引いています。

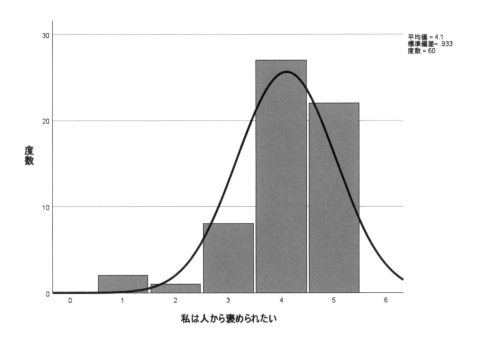

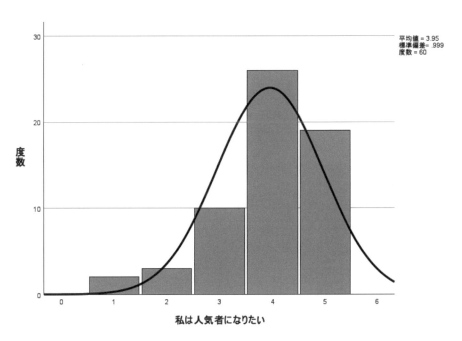

第7章 多くの変数の分析 ＜因子分析①＞

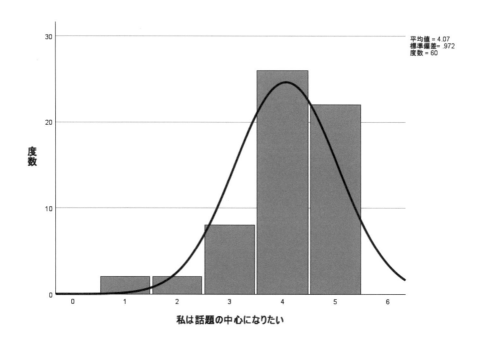

　必ず，因子分析を行う前に，全ての得点について得点分布の確認を行ってください。
　これらの変数（項目）を分析から外すべきかどうかについては，注意が必要です。本来であれば正規分布の得点分布となることを想定していたにもかかわらず，得点分布が予想外なものになってしまっている場合には，注意が必要かもしれません。しかし，これ以降の分析からもしこれらの質問項目を除外すれば，これらの項目が意味する意味内容そのものが分析から失われることを意味します。今回は，このまま分析を進めることにしましょう。
　出力された数値だけを見て，機械的に質問項目を除外することは絶対に避けてください。

7-2-2　因子分析

　では，因子分析を行ってみましょう。

- ［分析(A)］ → ［次元分解(D)］ → ［因子分析(F)］を選択

- ［変数(V)］に「S01」から「S10」までの10項目を指定。
- ［記述統計(D)］をクリック。
  - ［初期の解(I)］にはチェックを入れておきましょう。投入した変数の相関関係を確認したいときには，相関行列の中の必要な情報にチェックを入れます。今回は不要です。
  - ［KMOとBartlettの球面性検定(K)］にチェックを入れます。
  - 「続行」をクリック。
- 因子抽出(E) をクリック。
  - ［方法(M)］で因子抽出の方法を選択します。よく使われるものを挙げてみます。
    - **主成分分析**（Principal Components Analysis）：因子分析では用いない方が良い

という意見がありますが，分析に投入された変数間の関係が極端なものであっても分析結果を出力することができますので，探索的な検討には向いています。海外の心理学の研究では普通によく用いられます。

・**最尤法**（Maximum-Likelihood Method）：多変量正規性という比較的厳密な仮定の下で分析が実行されますので，この方法で上手く結果が出るのであれば最も望ましい方法でしょう。うまく結果が出力されないこともありますので，その場合には別の方法を試しましょう。

・**主因子法**（Principal Axis Factoring; PAF）：変数間の共通の分散に焦点を当てて因子を抽出します。多変量正規性の仮定は必要としないので，最尤法でうまく行かないデータでも適用できる可能性があります。最尤法と並んでよく使用されます。

※どの方法を使用したかについて，必ずレポートや論文で報告してください。

※今回は「最尤法」を選択します。

❖ 表示の［回転のない因子解(F)］［スクリープロット(S)］にチェック。

❖ 抽出の基準で，抽出する因子の数をどのように求めるかを指定します。

・［固有値に基づく(E)］：固有値（7-1 参照）の下限までの因子数を抽出します。通常こちらを選んだ場合，［固有値の下限(A)］を「1」とします。ここで「1」を指定するのは，少なくとも抽出された因子がひとつの観測変数と同じ分散を説明することを意味します。これを**カイザー基準**と言います。

・［因子の固定数(N)］：こちらを選んだ場合，［抽出する因子(T)］に分析者が抽出を望む因子数を入力します（5 因子を抽出したかったら「5」を入力）。

※今回は［固有値に基づく(E)］を選択し，［固有値の下限(A)］に「1」を入力します。

✧ ［収束のための最大反復回数(X)］は，デフォルトでは「25」と入力されています。うまく分析が収束しないときはこの数値を大きくすると収束することがありますが，あまりに大きくするとコンピュータが処理中で止まってしまう可能性もありますので注意してください。おおよそ，「25」のままで問題はありません。

✧ 「続行」をクリック。

➤ ［回転(T)］をクリック。

✧ 方法で因子の回転方法を指定します。**直交回転**(因子どうしの相関を0と固定する)として［バリマックス(V)］，**斜交回転**（因子どうしの相関を0に固定しない）として［直接オブリミン(O)］や［プロマックス(P)］がよく使用されます。

※今回は［プロマックス(P)］を指定しましょう。

✧ 表示では［回転後の解(R)］にチェックを入れておきましょう。

✧ 「続行」をクリック。

➤ ［オプション(O)］をクリック。

✧ 欠損値の指定のうち［リストごとに除外(L)］［ペアごとに除外(P)］はこれまでと同様です。［平均値で置換(R)］は，欠損値を他の得点の平均値に置き換えることで，欠損値を補います。

※問題がなければ［リストごとに除外(L)］を選んでおきましょう。

✧ 係数の表示書式で［サイズによる並び替え(S)］にチェックを入れます。因子分析の出力で，係数が小さい順に変数を並び替えて見やすくしてくれます。

［小さい係数を抑制(U)］は，多くの変数を分析した結果を見るときには有効ですが，論文やレポートに報告する際にはチェ

✧ 「続行」をクリック。

➤ 「OK」をクリック。

第7章

第7章　多くの変数の分析　＜因子分析①＞　**177**

7-2-3 結果の出力

KMO および Bartlett の検定の表が示されます。**KMO（Kaiser-Meyer-Olkin）の検定**と**Bartlett の検定**は，因子分析を行う前にデータセットが因子分析に適切であるかを検討するための指標です。

KMO は 0 から 1 までの範囲を示し，0.6 以上が望ましいと一般的には言われています。Bartlett の検定が統計的に有意であれば，データの変数間に共通の因子が素因材する可能性が高いと判断されます。

KMO および Bartlett の検定

Kaiser-Meyer-Olkin の標本妥当性の測度		.701
Bartlett の球面性検定	近似カイ 2 乗	297.786
	自由度	45
	有意確率	<.001

共通性（7-1 参照）が示されます。初期の共通性は最初の推定，因子抽出後は最終的な推定値です。

共通性

	初期	因子抽出後
私は人よりも優れた人間だ	.707	.709
私は人から注目されたい	.783	.781
私はどちらかというと有能な人間だ	.651	.709
私は人から褒められたい	.524	.473
私は才能にあふれている	.691	.658
私は周囲の人に認められたい	.731	.737
私の発言は一目置かれている	.511	.468
私は人気者になりたい	.454	.351
私はすぐに話の中心になる	.346	.358
私は話題の中心になりたい	.380	.358

因子抽出法: 最尤法

説明された分散の合計の表と次の**スクリープロット**を見て，因子分析においていくつの因子を抽出するかを判断します。

　因子数を決定するときには，「**初期の固有値**」の「合計」を見ます。ここが固有値を表します。固有値は，最初の因子（因子1）から最後の因子（項目数と同じ因子10）まで抽出されていきます。そして，固有値（合計）は次第に小さくなっていきます。

　固有値が1以上であることが，因子を抽出することのひとつの基準です（カイザー基準）。今回の場合，第1因子の初期の固有値が4.032，第2因子の初期の固有値が2.430であるのに対し，第3因子の初期の固有値は0.773と1を下回ります。ですから，2因子が望ましいと考えられます。

　抽出後の負荷量平方和は，最終的な因子分析（回転前）の固有値と分散説明率，累積説明率です。抽出後の負荷量平方和の累積%は，2因子で10項目全体のばらつきの何%を説明するかを表します。この場合，56.02%を説明します。なお，バリマックス回転の場合は回転後の負荷量平方和の部分に回転後の分散説明率も表示されますが，プロマックス回転のような斜交回転の場合は出力されません。報告するときは抽出後の負荷量平方和（ただし回転前）の累積%を記載してください。

説明された分散の合計

| 因子 | 初期の固有値 | | | 抽出後の負荷量平方和 | | | 回転後の負荷量平方和 [a] |
	合計	分散の %	累積 %	合計	分散の %	累積 %	合計
1	4.032	40.320	40.320	3.625	36.251	36.251	3.257
2	2.430	24.303	64.623	1.977	19.770	56.021	2.836
3	.773	7.727	72.350				
4	.612	6.124	78.474				
5	.601	6.011	84.485				
6	.471	4.710	89.195				
7	.375	3.750	92.945				
8	.341	3.408	96.353				
9	.267	2.669	99.022				
10	.098	.978	100.000				

因子抽出法: 最尤法
　a. 因子が相関する場合は，負荷量平方和を加算しても総分散を得ることはできません。

固有値1以上で因子数を決めるとあまりに多くの因子が抽出されてしまう場合もあります。また**固有値の変化**（次第に小さくなっていきますので**減衰状況**と表現されることがあります）が，もっと不明瞭でわかりにくい場合があります。そのような場合には，**スクリープロット**で判断するとよいでしょう。これを**スクリー基準**と言います。

　スクリー基準によって因子数を決定するときには，因子のスクリープロットの折れ線グラフを確認します。横軸の因子番号を右に見ていくと，縦軸の固有値が次第に小さくなっていきます。ここで，グラフが急激に下がって，なだらかになるポイントを見つけます。今回の場合，因子番号1と2は急激に固有値が下がり，因子番号3以降がなだらかになっています。このようなグラフの変化を示すときには，なだらかになる前の2因子を採用します。

　ただし，急激な低下となだらかになるポイントが複数存在するスクリープロットもあります。その場合には，なだらかになる前の複数の因子を候補にして，実際に因子分析を行って結果を比較しましょう。最終的には，因子分析によってうまく解釈することができる因子を見つけることがもっとも重要です。これを，**因子の解釈可能性**と表現します。

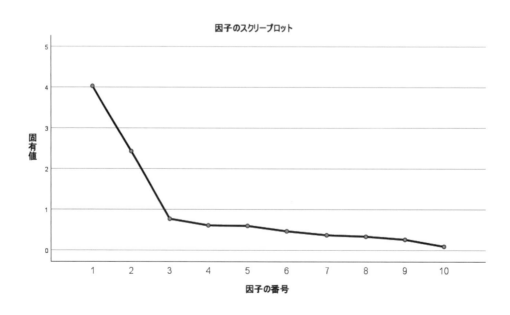

因子行列は，最初に抽出された**回転前の因子負荷量**です。

因子行列[a]

	因子	
	1	2
私は周囲の人に認められたい	.739	.438
私は人から注目されたい	.731	.497
私はどちらかというと有能な人間だ	.711	-.451
私は人よりも優れた人間だ	.692	-.479
私は才能にあふれている	.658	-.474
私の発言は一目置かれている	.616	-.298
私は話題の中心になりたい	.530	.279
私はすぐに話の中心になる	.460	-.382
私は人から褒められたい	.422	.543
私は人気者になりたい	.279	.523

因子抽出法: 最尤法

a. 2個の因子が抽出されました。4回の反復が必要です。

　最尤法を選択すると，**適合度検定**の結果が出力されます。カイ2乗値は有意ではないほど分析結果がデータに上手く適合していることを意味しますが，実際にはなかなか有意ではない状態には達しません（今回も $p = .018$ と5％水準で有意です）。複数の因子数の結果を比較する際に参考にするとよいでしょう。

適合度検定

カイ2乗	自由度	有意確率
43.262	26	.018

第7章　多くの変数の分析　＜因子分析①＞　**181**

回転後の因子負荷量は，**パターン行列**に出力されます。この後に**因子構造行列**という表も出力されますが，レポートや論文に報告する際にはパターン行列を参照してください。

　回転後の因子負荷量はどれくらいの値があればよいのでしょうか。たとえば，絶対値で .350 以上や .400 以上を最低限の基準とするとよいでしょう。しかし .300 程度で報告される研究もあります。

　重要なのは**単純構造**です。単純構造とは，因子負荷量のパターンにメリハリがはっきりと見られることです。今回の場合であれば，各項目の因子負荷量が，因子 1 もしくは因子 2 のいずれかに高い値（± 1.00 に近い値ですが，± .400 とか± .500 でも OK），もう片方は 0 に近い値となることが，単純構造に近づくことを意味します。

　因子負荷量がマイナスで高い値は，逆転項目であることを意味します。つまり，その項目が因子に対して逆方向の意味を持つということです。今回は逆転項目がありませんが，マイナスで高い値の因子負荷量が出力されたときには注意してください。

パターン行列[a]

	因子	
	1	2
私は人よりも優れた人間だ	.852	-.036
私はどちらかというと有能な人間だ	.842	.000
私は才能にあふれている	.826	-.051
私の発言は一目置かれている	.654	.082
私はすぐに話の中心になる	.618	-.081
私は人から注目されたい	.091	.851
私は周囲の人に認められたい	.144	.804
私は人から褒められたい	-.154	.719
私は人気者になりたい	-.234	.621
私は話題の中心になりたい	.132	.545

因子抽出法: 最尤法
回転法: Kaiser の正規化を伴うプロマックス法
a. 3 回の反復で回転が収束しました。

因子相関行列は，**因子間相関**（7-1 参照）を意味します。第 1 因子と第 2 因子との間の相関係数は，$r = .306$ という値です。小さくはありませんが大きくもありません。ふたつの因子が互いにやや関連するという結果になっています。

因子相関行列

因子	1	2
1	1.000	.306
2	.306	1.000

因子抽出法: 最尤法
回転法: Kaiser の正規化を伴うプロマックス法

7-2-4　結果と表

因子分析結果を報告する際には，次の内容を加えることを考えましょう。

1. 因子抽出法は何を使ったか（主因子法，最尤法など）
2. 因子数の決め方
3. 回転法の種類
4. 項目を削除した場合は項目数や内容，削除の基準
5. 因子名の決め方
6. 因子分析表（因子負荷量や因子間相関など）

たとえば今回の分析結果を報告してみましょう。

結果
　誇大性尺度 10 項目の平均値，標準偏差，尖度，歪度を算出し，得点分布を確認した。いくつかの項目の得点分布について正規分布からの偏りが見られたが，いずれの項目も誇大

性を測定する上で重要な内容が含まれていると考えられたことからすべての項目を分析の対象とした。

　誇大性尺度10項目に対し，最尤法・Promax回転による因子分析を行った。固有値の変化は4.032，2.430，0.773，…というものであり，固有値1を基準とすると2因子構造が妥当であると考えられた。回転前の2因子で10項目の全分散を説明する割合は，56.02%であった。Promax回転後の因子負荷量と因子間相関をTable 1に示す。

　第1因子は5項目で構成されており，自分自身が優れており有能で，才能にあふれているなど，自分自身が他者よりも優れた人物であるという信念を表現する項目が高い負荷量を示していた。そこで「誇大性の自己認識」因子と命名した。第2因子は5項目で構成されており，他者から注目されたい，認められたい，褒められたいという欲求を意味する質問項目が高い負荷量を示していた。そこで「賞賛欲求」因子と命名した。

Table 1　誇大性尺度の因子分析結果（Promax回転後の因子パターン）

	I	II
私は人よりも優れた人間だ	**.852**	-.036
私はどちらかというと有能な人間だ	**.842**	.000
私は才能にあふれている	**.826**	-.051
私の発言は一目置かれている	**.654**	.082
私はすぐに話の中心になる	**.618**	-.081
私は人から注目されたい	.091	**.851**
私は周囲の人に認められたい	.144	**.804**
私は人から褒められたい	-.154	**.719**
私は人気者になりたい	-.234	**.621**
私は話題の中心になりたい	.132	**.545**
因子間相関		.306

7-3　内的整合性の検討

　複数の質問項目が,同じ内容,同じ概念を測定しているかどうかの程度を,**内的整合性（内的一貫性）**といいます。

　内的整合性は，テストの信頼性の指標としても用いられます。複数の項目が同じような方向性を向いているのであれば，それらの質問項目は共通の概念を測定しており，一貫してとらえることができていると考えることができるからです。

　他の代表的な信頼性の指標としては，**再検査信頼性**があります。こちらは，時間をおいて（数週間や数か月）同一対象集団に調査をおこない，1回目に得られたデータと2回目に得られたデータの間の相関係数を算出します。2回の調査結果が安定していれば，大きな相関係数が得られます。これは，順位が安定していること（人々の得点の上下の入れ替わりが少ないこと）によって信頼性を検討する方法です。

7-3-1　α 係数

　では，信頼性の指標として代表的な，**クロンバックのα係数**を算出しましょう。

　算出するのは，先ほど見出した2つの因子に含まれる項目です。

・第1因子に含まれる項目：S01, S03, S05, S07, S09（誇大性の自己認識）

・第2因子に含まれる項目：S02, S04, S06, S08, S10（賞賛欲求）

　分析に指定するのは，上記の5項目ずつです。2回の分析を行います。

● ［分析(A)］ → ［尺度(A)］ → ［信頼性分析(R)］ を選択。

➢ ［項目(I)］に，S01, S03, S05, S07, S09 を指定。

➢ ［統計量(S)］をクリック。

♢ 多くの選択肢がありますが，α 係数を算出する際に便利なのは…

記述統計の［項目を削除したときのスケール(A)］を選択しましょう。

♢ 「続行」をクリック。

第7章　多くの変数の分析　＜因子分析①＞　**185**

- ［モデル（M）］が「アルファ」となっていることを確認。

  ※近年よく論文で報告される，**オメガ係数**を算出するための「オメガ」を選ぶこともできます。

- 「OK」をクリック。

次のような結果が出力されます。

ケース処理の要約では，度数（ケース数）や欠損値の情報が表示されます。

ケース処理の要約

		度数	％
ケース	有効	60	100.0
	除外数[a]	0	.0
	合計	60	100.0

a. 手続きのすべての変数に基づいたリストごとの削除。

信頼性統計量の表に，α 係数が出力されます。$\alpha = .869$ という値です。

信頼性統計量

Cronbach のアルファ	項目の数
.869	5

項目合計統計量のうち，まず修正済み項目合計相関の出力を見ます。これは，当該項目と残りの項目全体との相関係数です。この値が非常に小さな値になっている場合には，その項目を尺度に含めるべきか検討が必要です。

また，項目が削除された場合の Cronbach のアルファの出力を見ます。もしも当該の項目が分析からと除かれたら，α 係数がどのようになるかが示されます。もしも信頼性統計

量で出力された α 係数よりも大きな値が見られるようであれば，その項目を含めるべきかどうかの検討が必要になります。

　ただし，数値の大きさだけに従って機械的に分析から取り除くことはしないようにしてください。分析から除外するかどうかは，項目の意味内容についても十分に検討しながら進めてください。

項目合計統計量

	項目が削除された場合の尺度の平均値	項目が削除された場合の尺度の分散	修正済み項目合計相関	項目が削除された場合のCronbachのアルファ
私は人よりも優れた人間だ	10.85	8.536	.749	.827
私はどちらかというと有能な人間だ	10.85	8.435	.752	.827
私は才能にあふれている	10.88	8.545	.765	.824
私の発言は一目置かれている	10.87	8.728	.648	.854
私はすぐに話の中心になる	10.35	10.164	.565	.871

　α 係数は $\alpha = .70$ を超えればよい状態，$\alpha = .80$ 以上でさらによい状態，$\alpha = .90$ を超えれば非常によい状態とされます。しかし，α 係数が高ければ高い方が良いかというと，必ずしもそうではありません。

　α 係数は，変数間の相関係数の大きさと，変数の数によって変化します。分析に投入された変数間の相関係数が大きいほど，また変数の数が多いほど，α 係数は大きな値になります。尺度構成において項目が少ない（3項目や4項目など）にもかかわらず，高い α 係数（$\alpha = .80$ や .90 など）となる場合には，それらの項目は非常に類似した，ほとんど同じような意味をもつものとなっている場合があります。あたかも同じ質問項目を繰り返すような内容となっている可能性がありますので，注意が必要です。

　第2因子（S02, S04, S06, S08, S10; 賞賛欲求）についても，同じように α 係数を算出してみましょう。

第7章　多くの変数の分析　＜因子分析①＞　　**187**

● ［分析（A）］ → ［尺度（A）］ → ［信頼性分析（R）］ を選択。

➢ ［項目（I）］に，S02, S04, S06, S08, S10 を指定。

➢ 先ほどと同じ分析の指定を行い，「OK」をクリック。

α 係数は次のようになりました。$\alpha = .834$ という値です。

信頼性統計量

Cronbach のア ルファ	項目の数
.834	5

7-4 得点の算出

　因子分析で見出された２つの因子について，項目平均値を算出することで得点化しましょう。ここまで分析してきた自己誇大感尺度は，「誇大性の自己認識」と「賞賛欲求」という２つの下位尺度をもちます。ここでは，２つの下位尺度得点を算出します。

・誇大感の自己認識 ＝（S01 ＋ S03 ＋ S05 ＋ S07 ＋ S09）/ 5

・賞賛欲求 ＝（S02 ＋ S04 ＋ S06 ＋ S08 ＋ S10）/ 5

　加算した変数の数で割ることで，１項目あたりの得点を算出することができます。今回は各項目５段階で測定していますので，項目平均値も１点から５点の範囲になります。

● ［変換（T）］ → ［変数の計算（C）］ を選択

➢ ［目標変数（T）］に「誇大感の自己認識」と入力。

➢ ［数式（E）］に「（S01 ＋ S03 ＋ S05 ＋ S07 ＋ S09）/ 5」を入力。

➢ 「OK」をクリック。

「賞賛欲求」の得点を算出するために繰り返しましょう。

- ［変換(T)］ → ［変数の計算(C)］ を選択
  - ［目標変数(T)］に「賞賛欲求」と入力。
  - ［数式(E)］に「(S02 ＋ S04 ＋ S06 ＋ S08 ＋ S10) ／ 5」を入力。
  - 「OK」をクリック。

データセットに「誇大感の自己認識」と「賞賛欲求」の変数とデータが追加されていることを確認。

これ以降は，「誇大感の自己認識」得点と「賞賛欲求」得点を用いて，分析を進めていきます。第1章に戻って「誇大感の自己認識」得点と「賞賛欲求」得点の分析を進めてみてください。

逆転項目があるとき

もしも因子負荷量に大きなマイナスの値があって，**逆転項目**として（下位）尺度得点を算出する必要がある場合には，次の式を用います。

- 逆転項目 ＝ (とりうる最大値＋とりうる最小値) － 項目得点

たとえば，5つの選択肢がある質問項目で，1点から5点の範囲で測定が行われている場合には，最大値と最小値は5点と1点ですので，逆転項目は……

- 逆転項目 ＝ (5＋1) － 項目

となります。たとえばある人の得点が2点であれば，6－2＝4点となり，ある人の得点が5点であれば6－5＝1点となります。

　同じように，ある尺度の項目が0点から7点の8段階で測定されており，逆転項目を算出する必要がある場合には，次のようになります。

● 　逆転項目 ＝（7＋0）－ 項目

　ある人の得点が3点であれば7－3＝4点となり，別の人の得点が2点であれば7－2＝5点，また別の人が7点であれば7－7＝0点となります。

　先ほどの項目平均値の数式の中に逆転項目が含まれているとしましょう。S03だけが逆転項目だとすれば，数式は次のようになります。下線部分が逆転項目の計算部分です。

● 　（S01 ＋ <u>6 － S03</u> ＋ S05 ＋ S07 ＋ S09）／ 5

第 8 章

多くの変数の分析（応用編）

＜因子分析②＞

第7章で身につけた**因子分析**の分析手法を応用して，次のデータを分析してみましょう[i]。

大学新入生120名に対して調査を行いました。調査の内容は，大学生活の中で目標とする内容についてです。事前に大学生20名にインタビュー調査を行い，大学生活の中で目標とするべき事柄について調査し，整理しています。そこから31項目の質問項目を作成しました。これを，大学生活目標尺度と呼びましょう。

教示文は「これからの大学生活で，あなたの目標としてどれくらい当てはまると思いますか」というもので，回答は「当てはまらない（1点）」「あまり当てはまらない（2点）」「どちらでもない（3点）」「やや当てはまる（4点）」「当てはまる（5点）」です。

質問項目は次の通りです。

01. 将来の職業について考えること
02. お互いに信頼しあえる関係をつくること
03. 幅広い知識を身につけること
04. 恋愛対象として親しくなること
05. 約束の時間を守ること
06. 知り合いを多く作ること
07. 授業を欠席しないこと
08. 将来の職業に向けて準備をすること
09. 新しい関係性をつくること
10. 悩みを相談できる年長者と知りあうこと
11. 信頼を損なう行動をしないこと
12. 自立して生活すること
13. いっしょに勉強する仲間をつくること
14. まじめに授業に取り組むこと

---

[i] 質問項目とデータは架空の例です。

15. 将来，何をしていくのかを考えること

16. 一生つきあっていけるような関係をつくること

17. 海外へ留学する（準備をする）こと

18. 恋愛に発展する関係をつくること

19. 規則正しい生活をすること

20. 真の仲間を見つけること

21. 就職に必要なスキルを身につけること

22. アルバイトをすること

23. 必要なスキルを身につけること

24. ものごとを自分で解決すること

25. 一緒にいて楽しいグループをつくること

26. 集中して授業を聞くこと

27. 将来の目標をはっきりさせること

28. 悩みを話し合える人間関係をつくること

29. ボランティア活動をすること

30. 恋愛相手を見つけること

31. 交友関係を広げること

このデータを使って，分析を進めてみましょう。

8-1 データの準備

ここまでの手順を思い出して，次のデータを準備してください。

	名前	型	幅	小数桁数	ラベル	値	欠損値	列	配置	尺度	役割
1	NO	数値	1	0		なし	なし	11	量 右	スケール	入力
2	G01	数値	1	0	01.将来の職業...	なし	なし	11	量 右	スケール	入力
3	G02	数値	1	0	02.お互いに信...	なし	なし	11	量 右	スケール	入力
4	G03	数値	1	0	03.幅広い知識...	なし	なし	11	量 右	スケール	入力
5	G04	数値	1	0	04.恋愛対象と...	なし	なし	11	量 右	スケール	入力
6	G05	数値	1	0	05.約束の時間...	なし	なし	11	量 右	スケール	入力
7	G06	数値	1	0	06.知り合いを多...	なし	なし	11	量 右	スケール	入力
8	G07	数値	1	0	07.授業を欠席...	なし	なし	11	量 右	スケール	入力
9	G08	数値	1	0	08.将来の職業...	なし	なし	11	量 右	スケール	入力
10	G09	数値	1	0	09.新しい関係...	なし	なし	11	量 右	スケール	入力
11	G10	数値	1	0	10.悩みを相談...	なし	なし	11	量 右	スケール	入力
12	G11	数値	1	0	11.信頼を損な...	なし	なし	11	量 右	スケール	入力
13	G12	数値	1	0	12.自立して生...	なし	なし	11	量 右	スケール	入力
14	G13	数値	1	0	13.いっしょに勉...	なし	なし	11	量 右	スケール	入力
15	G14	数値	1	0	14.まじめに授業...	なし	なし	11	量 右	スケール	入力
16	G15	数値	1	0	15.将来,何をし...	なし	なし	11	量 右	スケール	入力
17	G16	数値	1	0	16.一生つきあっ...	なし	なし	11	量 右	スケール	入力
18	G17	数値	1	0	17.海外へ留学...	なし	なし	11	量 右	スケール	入力
19	G18	数値	1	0	18.恋愛に発展...	なし	なし	11	量 右	スケール	入力
20	G19	数値	1	0	19.規則正しい...	なし	なし	11	量 右	スケール	入力
21	G20	数値	1	0	20.真の仲間を...	なし	なし	11	量 右	スケール	入力
22	G21	数値	1	0	21.就職に必要...	なし	なし	11	量 右	スケール	入力
23	G22	数値	1	0	22.アルバイトを...	なし	なし	11	量 右	スケール	入力
24	G23	数値	1	0	23.必要なスキ...	なし	なし	11	量 右	スケール	入力
25	G24	数値	1	0	24.ものごとを自...	なし	なし	11	量 右	スケール	入力
26	G25	数値	1	0	25.一緒にいて...	なし	なし	11	量 右	スケール	入力
27	G26	数値	1	0	26.集中して授...	なし	なし	11	量 右	スケール	入力
28	G27	数値	1	0	27.将来の目標...	なし	なし	11	量 右	スケール	入力
29	G28	数値	1	0	28.悩みを話し...	なし	なし	11	量 右	スケール	入力
30	G29	数値	1	0	29.ボランティア...	なし	なし	11	量 右	スケール	入力
31	G30	数値	1	0	30.恋愛相手を...	なし	なし	11	量 右	スケール	入力
32	G31	数値	1	0	31.交友関係を...	なし	なし	11	量 右	スケール	入力

	NO	G01	G02	G03	G04	G05	G06	G07	G08	G09	G10	G11
1	1	3	2	2	2	2	4	3	2	3	3	3
2	2	3	5	2	2	3	5	1	2	4	2	4
3	3	3	3	4	3	3	2	5	4	5	3	3
4	4	3	4	4	4	4	3	2	5	4	2	4
5	5	5	5	4	3	2	5	3	4	2	2	5
6	6	2	4	2	4	5	2	2	2	2	2	3
7	7	2	2	2	3	5	3	3	3	1	1	3
8	8	4	4	5	5	5	3	1	5	5	1	4
9	9	1	3	1	3	1	1	3	1	1	1	3
10	10	1	3	4	2	3	3	2	5	3	2	3
11	11	1	1	2	2	5	3	4	3	1	1	4
12	12	2	4	5	5	4	3	4	5	4	4	4
13	13	3	4	2	2	4	5	4	5	1	1	4
14	14	1	2	4	2	2	1	1	2	1	2	1
15	15	3	5	3	4	5	5	5	3	3	1	5
16	16	1	3	1	4	5	3	1	2	2	1	3
17	17	4	4	1	2	4	4	2	2	3	3	4
18	18	5	5	1	1	3	5	1	1	3	1	5
19	19	3	4	2	2	4	3	3	2	2	2	1
20	20	3	3	5	1	3	3	3	5	3	3	4
21	21	1	3	2	1	2	3	1	4	1	1	3
22	22	4	4	4	2	2	4	3	5	2	2	4
23	23	1	4	4	3	1	4	4	2	2	4	3
24	24	1	1	4	2	3	1	1	5	3	3	1
25	25	2	3	4	3	3	4	3	4	2	2	4
26	26	2	5	1	5	3	3	3	3	5	3	5
27	27	1	1	1	1	4	4	1	1	1	1	1
28	28	2	3	1	3	1	3	4	4	3	2	4
29	29	4	4	3	3	4	4	1	4	3	2	4

8-2 　得点の確認

　大学生活目標尺度の 31 項目について，平均値と標準偏差，最小値と最大値，尖度と歪度を算出してみましょう。

● ［分析(A)］ → ［記述統計(E)］ → ［記述統計(D)］ を選択。

 ➢ ［変数(V)］に，「G01」から「G31」までを指定。

 ➢ ［オプション(O)］をクリック。

 ✧ ［平均値(M)］にチェック。

 ✧ 散らばりの［標準偏差(T)］［最小値(N)］［最大値(X)］にチェック。

 ✧ 分布の［尖度(K)］［歪度(W)］にチェック。

 ✧ 「続行」をクリック。

 ➢ 「OK」をクリック。

※出力された表をダブルクリックすると，表の中の幅を調整することができます。

確認するポイントは次の通りでした。

● 最小値と最大値をチェックして，測定された得点幅（1 点から 5 点）を逸脱する項目がないかを確認

● 平均値と標準偏差をチェックして，他に比べて非常に高い・低い値を示す項目がないかを確認

● 尖度と歪度をチェックして，絶対値で 1 を超える項目は要注意

第 8 章　多くの変数の分析（応用編）＜因子分析②＞　**195**

記述統計量

	度数 統計量	最小値 統計量	最大値 統計量	平均値 統計量	標準偏差 統計量	歪度 統計量	歪度 標準誤差	尖度 統計量	尖度 標準誤差
01.将来の職業について考えること	120	1	5	2.74	1.357	.277	.221	-1.057	.438
02.お互いに信頼しあえる関係をつくること	120	1	5	3.92	1.074	-.950	.221	.451	.438
03.幅広い知識を身につけること	120	1	5	3.35	1.281	-.196	.221	-1.147	.438
04.恋愛対象として親しくなること	120	1	5	3.55	1.122	-.490	.221	-.478	.438
05.約束の時間を守ること	120	1	5	3.26	1.273	-.003	.221	-1.209	.438
06.知り合いを多く作ること	120	1	5	3.84	1.085	-.924	.221	.591	.438
07.授業を欠席しないこと	120	1	5	2.43	1.430	.548	.221	-1.080	.438
08.将来の職業に向けて準備をすること	120	1	5	3.78	1.265	-.697	.221	-.760	.438
09.新しい関係性をつくること	120	1	5	3.03	1.076	-.190	.221	-.333	.438
10.悩みを相談できる年長者と知りあうこと	120	1	5	2.46	1.243	.751	.221	-.370	.438
11.信頼を損なう行動をしないこと	120	1	5	3.89	1.052	-.971	.221	.786	.438
12.自立して生活すること	120	1	5	2.73	1.352	.229	.221	-1.047	.438
13.いっしょに勉強する仲間をつくること	120	1	5	2.21	1.222	.659	.221	-.721	.438
14.まじめに授業に取り組むこと	120	1	5	2.67	1.259	.219	.221	-.929	.438
15.将来，何をしていくのかを考えること	120	1	5	2.48	1.335	.414	.221	-.966	.438
16.一生つきあっていけるような関係をつくること	120	1	5	3.95	1.076	-1.135	.221	1.087	.438
17.海外へ留学する（準備をする）こと	120	1	5	4.31	.951	-1.491	.221	2.130	.438
18.恋愛に発展する関係をつくること	120	1	5	2.98	1.115	-.189	.221	-.598	.438
19.規則正しい生活をすること	120	1	5	3.29	.893	-.179	.221	-.052	.438
20.真の仲間を見つけること	120	1	5	4.08	1.081	-1.263	.221	1.217	.438
21.就職に必要なスキルを身につけること	120	1	5	3.10	.902	-.060	.221	.105	.438
22.アルバイトをすること	120	1	5	2.97	1.223	.121	.221	-.845	.438
23.必要なスキルを身につけること	120	1	5	4.00	.917	-.666	.221	-.023	.438
24.ものごとを自分で解決すること	120	1	5	2.93	1.301	.009	.221	-1.174	.438
25.一緒にいて楽しいグループをつくること	120	1	5	1.83	1.082	1.247	.221	.834	.438
26.集中して授業を聞くこと	120	1	5	3.01	1.065	-.314	.221	-.574	.438
27.将来の目標をはっきりさせること	120	1	5	3.14	1.474	-.185	.221	-1.316	.438
28.悩みを話し合える人間関係をつくること	120	1	5	3.97	1.028	-1.158	.221	1.359	.438
29.ボランティア活動をすること	120	1	5	3.27	1.083	-.107	.221	-.627	.438
30.恋愛相手を見つけること	120	1	5	3.44	1.151	-.427	.221	-.565	.438
31.交友関係を広げること	120	1	5	3.75	1.110	-.615	.221	-.276	.438
有効なケースの数 (リストごと)	120								

　第7章でも述べましたが，おかしな数値を示しているからと言って，必ずしもその項目をすぐに分析から除外すればいいというわけではありません。

しかし，得点が極端になりやすい項目にはそれなりの理由がある可能性はあります。そこを考察することに意義がある可能性はあります。

8-3 得点分布の確認

得点分布を出力してみましょう。

● ［分析(A)］ → ［記述統計(E)］ → ［度数分布表(F)］ を選択
  ➢ ［変数(V)］に G01 から G31 までを指定。
  ➢ 他は特に指定しなくても大丈夫ですので，このまま「OK」をクリック。

ひとつずつ，各項目の度数分布表を確認していくとよいのですが，要注意となりそうな項目をピックアップしてみましょう。

たとえば「17. 海外へ留学する（準備をする）こと」です。記述統計量の結果では，$M = 4.31$, $SD = 0.951$, 歪度$- 1.491$, 尖度 2.130 となっていました。得点分布を見ると，選択肢 5 が半数以上を占めており，選択肢 1 と選択肢 2 を選んだ人はほとんどいません。もしかしたら，今回調査対象となった学生たちが，外国語系の学部学科であったり，たまたま海外志向の強い集団であったりした可能性もあります。

17.海外へ留学する（準備をする）こと

		度数	パーセント	有効パーセント	累積パーセント
有効	1	3	2.5	2.5	2.5
	2	2	1.7	1.7	4.2
	3	17	14.2	14.2	18.3
	4	31	25.8	25.8	44.2
	5	67	55.8	55.8	100.0
	合計	120	100.0	100.0	

第 8 章 多くの変数の分析（応用編）＜因子分析②＞ 197

もうひとつ確認してみましょう。「27. 将来の目標をはっきりさせること」です。記述統計の結果を見ると，$M = 3.14$，$SD = 1.474$，歪度− 0.185，尖度− 1.316 です。歪度は 0 に近いので左右対称に近い分布が想像されますが，尖度はマイナスの大きな値になっており，得点分布のピークがあまり見られないのではないかと予想されます。

度数分布を見ると，選択肢 2 以外はそれぞれ 20 パーセント前後が選択しており，一様に分布していることがわかります。

27.将来の目標をはっきりさせること

		度数	パーセント	有効パーセント	累積パーセント
有効	1	26	21.7	21.7	21.7
	2	14	11.7	11.7	33.3
	3	27	22.5	22.5	55.8
	4	23	19.2	19.2	75.0
	5	30	25.0	25.0	100.0
	合計	120	100.0	100.0	

なお，ぜひ各自でヒストグラムも描いて，得点分布を視覚的に確認して下さい。

多くの質問項目を作成すると，これらのような得点分布を示す項目が生じるものです。今回の場合は，インタビューから探索的に質問項目を作成して，大学新入生に調査を行うという文脈のなかで分析を進めています。ですから，得点分布が正規分布から離れること自体，学生たちの様子を反映した結果として考察に組み込むことが重要でしょう。

一方で，すでに確立した概念を測定する質問項目を作成するような場合には，できるだけ正規分布に近くなるような質問項目の表現の調整が必要となる場合があります。そのような場合には，予備調査をくり返しながら，どのような表現をすれば目的となる測定を行うことができるのか，試行錯誤してみるとよいでしょう。

8-4　因子分析（因子数の目安を見つける）

得点分布が気になる質問項目もありますが，大学生活目標尺度の全 31 項目を対象として，

因子分析を行いましょう。

　今回は，研究をおこなう前に因子の数を想定していません。ですから，初回の因子分析では，いくつくらいの因子が見られそうなのかを探索的に検討します。

● ［分析(A)］　→　［次元分解(D)］　→　［因子分析(F)］　を選択
　➢ ［変数(V)］に G01 から G31 までを指定。
　➢ ［因子抽出(E)］をクリック。
　　✧ ［方法(M)］を「最尤法」に指定。
　　✧ ［スクリープロット(S)］にチェックを入れる。
　　✧ 「続行」をクリック。
　➢ 「OK」をクリック。
　　　※因子数の目安を決めるときには，まだ回転をかける必要はありません。

説明された分散の合計の表を見ます。

初期の固有値の「合計」の部分を見て，**固有値**が減っていく様子を確認します。

説明された分散の合計

因子	初期の固有値			抽出後の負荷量平方和		
	合計	分散の %	累積 %	合計	分散の %	累積 %
1	7.734	24.948	24.948	6.979	22.512	22.512
2	4.388	14.154	39.102	3.956	12.761	35.273
3	2.572	8.298	47.400	2.417	7.798	43.071
4	1.923	6.204	53.604	1.593	5.140	48.211
5	1.637	5.281	58.885	1.238	3.992	52.204
6	1.337	4.312	63.197	.638	2.057	54.261
7	1.159	3.737	66.935	.611	1.970	56.231
8	1.089	3.513	70.448	.790	2.547	58.778
9	.899	2.901	73.350			
10	.825	2.660	76.010			
11	.757	2.442	78.452			

第 8 章　多くの変数の分析（応用編）＜因子分析②＞　**199**

スクリープロットも見てみましょう。

なだらかに変化していて，固有値が大きく下がる場所が見つかりづらいかもしれません。

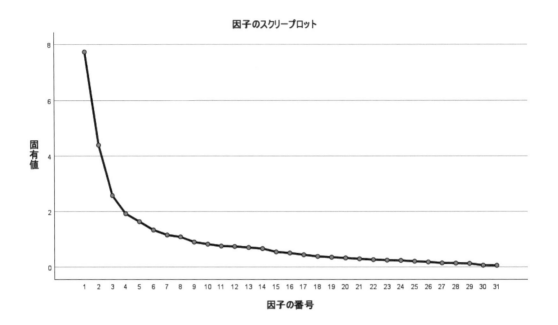

大学生活目標尺度は 31 項目という多様な内容で構成されますので，さすがに 2 因子や 3 因子では因子が少なすぎるような印象もあります。一方で，固有値 1 以上の基準ですと 8 因子構造となり，スクリープロットでも第 8 因子から第 9 因子のグラフが少し下がっているようにみえます。しかし，8 因子というのは多すぎる可能性もあります。

いくつかの可能性を保留した上で，回転をかけた因子分析を実行していきましょう。

8-5 因子分析（因子数を決定する）

因子数の候補として，3 因子，5 因子，8 因子を設定して因子分析を行ってみましょう。今回は，**最尤法**，**プロマックス回転**で因子分析を進めます。

8-5-1　3因子の場合

● ［分析(A)］ → ［次元分解(D)］ → ［因子分析(F)］を選択
  ➢ ［変数(V)］にG01からG31までを指定。
  ➢ ［因子抽出(E)］をクリック。
    ✧ ［方法(M)］を「最尤法」に指定。
    ✧ 抽出の基準で［因子の固定数(N)］を「3」とします。
    ✧ ［スクリープロット(S)］のチェックは外しておきます（同じ出力ですので）。
    ✧ 「続行」をクリック。
  ➢ ［回転(T)］をクリック。
    ✧ 方法で［プロマックス(P)］を選択。
    ✧ 表示の［回転後の解(R)］にチェックが入っていることを確認。
    ✧ 「続行」をクリック。
  ➢ ［オプション(O)］をクリック。
    ✧ 係数の表示書式で［サイズによる並び替え(S)］をチェック。
    ✧ 「続行」をクリック。
● 「OK」をクリック。

　説明された分散の合計の抽出後の負荷量平方和，回転後の負荷量平方和が第3因子までになっていることを確認しましょう。抽出後（回転前）の3因子で，全項目の分散の42.32%を説明しています。

説明された分散の合計

因子	初期の固有値			抽出後の負荷量平方和			回転後の負荷量平方和[a]
	合計	分散の %	累積 %	合計	分散の %	累積 %	合計
1	7.734	24.948	24.948	7.091	22.876	22.876	6.642
2	4.388	14.154	39.102	2.686	8.666	31.541	4.610
3	2.572	8.298	47.400	3.342	10.782	42.323	4.729
4	1.923	6.204	53.604				
5	1.637	5.281	58.885				

　パターン行列を見ます。SPSS の出力はわかりにくいので，Excel で表を作り直してみました。わかりやすいように，因子負荷量が .40 以上の数値を太字で表しています。

　第 1 因子は「11. 信頼を損なう行動をしないこと」「16. 一生つきあっていけるような関係をつくること」など，他者との信頼できる人間関係を構築することを目標した項目が集まっていると解釈できそうです。

　第 2 因子は「30. 恋愛相手を見つけること」「18. 恋愛に発展する関係をつくること」など，恋愛に関する項目が集まっていることに加えて，「08. 将来の職業に向けて準備をすること」「03. 幅広い知識を身につけること」など，他の要素も混ざった内容になっています。

　第 3 因子は「15. 将来，何をしていくのかを考えること」「01. 将来の職業について考えること」など，将来のことと「12. 自立して生活すること」など自分で生活を成り立たせていくことと，両方の項目が中に含まれています。

　また，いずれの因子からの因子負荷量も .40 に満たない質問項目も多く，3 つの因子だけで全体の項目を上手く説明することは難しそうな印象です。

	I	II	III
11.信頼を損なう行動をしないこと	**.96**	-.08	-.02
16.一生つきあっていけるような関係をつくること	**.96**	-.04	-.03
28.悩みを話し合える人間関係をつくること	**.95**	.02	-.05
02.お互いに信頼しあえる関係をつくること	**.90**	-.06	-.07
20.真の仲間を見つけること	**.82**	.02	.03
06.知り合いを多く作ること	**.75**	-.21	.13
31.交友関係を広げること	**.65**	.11	.13
30.恋愛相手を見つけること	.11	**.76**	.03
18.恋愛に発展する関係をつくること	.03	**.74**	.02
09.新しい関係性をつくること	.01	**.73**	.11
04.恋愛対象として親しくなること	.22	**.61**	-.05
08.将来の職業に向けて準備をすること	.00	**.53**	-.20
29.ボランティア活動をすること	.00	**.53**	-.02
03.幅広い知識を身につけること	-.08	**.51**	.02
26.集中して授業を聞くこと	-.10	**.49**	.18
23.必要なスキルを身につけること	-.03	**.45**	-.07
10.悩みを相談できる年長者と知りあうこと	-.11	**.44**	-.04
17.海外へ留学する（準備をする）こと	.04	**.43**	-.29
21.就職に必要なスキルを身につけること	-.16	.38	.08
05.約束の時間を守ること	-.11	.33	-.03
25.一緒にいて楽しいグループをつくること	.13	.24	.07
22.アルバイトをすること	.16	.17	.01
19.規則正しい生活をすること	-.01	.13	.06
15.将来，何をしていくのかを考えること	-.08	-.03	**.91**
12.自立して生活すること	.01	-.08	**.86**
01.将来の職業について考えること	.08	-.08	**.84**
24.ものごとを自分で解決すること	.11	.13	**.70**
14.まじめに授業に取り組むこと	-.03	.24	.36
27.将来の目標をはっきりさせること	.28	.16	.34
13.いっしょに勉強する仲間をつくること	-.23	-.02	.23
07.授業を欠席しないこと	.11	-.09	.14

8-5-2 5因子の場合

では次に，5因子を指定して因子分析を行い，因子パターンの内容を確認してみましょう。
分析の指定は先ほどと同じで，次のところだけが異なります。

> ［因子抽出(E)］をクリック。
- ◇ 抽出の基準で［因子の固定数(N)］を「5」とします。
- ◇ 「続行」をクリック。

結果の出力で，まずは説明された分散の合計の表を確認します。抽出後，回転前の5因子で，全項目の51.43%を説明しています。3因子を抽出したときよりも説明率が上昇していることを確認してください。

説明された分散の合計

因子	初期の固有値			抽出後の負荷量平方和			回転後の負荷量平方和[a]
	合計	分散の %	累積 %	合計	分散の %	累積 %	合計
1	7.734	24.948	24.948	7.164	23.111	23.111	6.498
2	4.388	14.154	39.102	3.823	12.332	35.443	4.746
3	2.572	8.298	47.400	2.295	7.403	42.846	4.494
4	1.923	6.204	53.604	1.546	4.988	47.834	3.476
5	1.637	5.281	58.885	1.116	3.599	51.433	1.921
6	1.337	4.312	63.197				

パターン行列を見ましょう。こちらもSPSSの出力からExcelで表を作成してみました。同じように，因子負荷量が.40以上の数値を太字にしてあります。

第1因子は，「11. 信頼を損なう行動をしないこと」「16. 一生つきあっていけるような関係をつくること」など，信頼できる関係性を構築することが中心の内容で構成されています。

204

第2因子は,「15. 将来,何をしていくのかを考えること」「12. 自立して生活すること」「01. 将来の職業について考えること」など,将来の目標や自立した生活への目標が中心となっています。

第3因子は,「04. 恋愛対象として親しくなること」「30. 恋愛相手を見つけること」など,恋愛に関する内容で構成されています。

第4因子は,「23. 必要なスキルを身につけること」「17. 海外へ留学する(準備をする)こと」「29. ボランティア活動をすること」など,将来の目標とともに,自分のスキルを高めることを目的とした内容となっています。

第5因子は,「14. まじめに授業に取り組むこと」「13. いっしょに勉強する仲間をつくること」など,授業を中心とした内容で構成されています。

いくつかの質問項目については,いずれの因子からの影響も大きく受けていないのですが,全体的に解釈できそうな因子構造になっているようです。

第8章　多くの変数の分析(応用編) ＜因子分析②＞　**205**

	I	II	III	IV	V
11.信頼を損なう行動をしないこと	**.94**	-.03	.03	-.07	.03
16.一生つきあっていけるような関係をつくること	**.94**	-.03	.06	-.05	.02
28.悩みを話し合える人間関係をつくること	**.93**	-.05	.06	.02	.04
02.お互いに信頼しあえる関係をつくること	**.86**	-.04	.07	-.09	-.08
20.真の仲間を見つけること	**.81**	-.02	.02	.06	.01
06.知り合いを多く作ること	**.77**	.16	-.29	.11	.01
31.交友関係を広げること	**.63**	.14	.09	.07	.00
15.将来，何をしていくのかを考えること	-.09	**.87**	.03	-.11	.13
12.自立して生活すること	.00	**.85**	-.02	-.11	.04
01.将来の職業について考えること	.08	**.84**	-.11	-.02	.05
24.ものごとを自分で解決すること	.11	**.73**	.04	.10	-.03
27.将来の目標をはっきりさせること	.25	**.42**	.10	.10	-.19
04.恋愛対象として親しくなること	.10	-.05	**.86**	-.17	-.15
30.恋愛相手を見つけること	.02	.00	**.85**	.02	.00
18.恋愛に発展する関係をつくること	.00	-.04	**.67**	.12	.11
09.新しい関係性をつくること	-.03	.10	**.62**	.16	.00
25.一緒にいて楽しいグループをつくること	.12	-.07	.37	-.14	.33
05.約束の時間を守ること	-.11	-.06	.21	.17	.09
23.必要なスキルを身につけること	.04	-.01	-.10	**.71**	.00
17.海外へ留学する（準備をする）こと	.10	-.27	-.04	**.62**	.05
29.ボランティア活動をすること	.05	.01	.09	**.57**	.06
08.将来の職業に向けて準備をすること	.03	-.15	.14	**.52**	-.04
21.就職に必要なスキルを身につけること	-.09	.07	-.05	**.52**	.13
03.幅広い知識を身につけること	-.11	.17	.22	**.42**	-.34
19.規則正しい生活をすること	.08	.01	-.20	.39	.25
10.悩みを相談できる年長者と知りあうこと	-.11	.06	.16	.36	-.21
22.アルバイトをすること	.18	.01	-.01	.22	.03
14.まじめに授業に取り組むこと	.01	.12	.19	.06	**.77**
13.いっしょに勉強する仲間をつくること	-.18	.06	-.05	.00	**.54**
26.集中して授業を聞くこと	-.08	.04	.38	.15	**.43**
07.授業を欠席しないこと	.15	.02	-.11	.02	**.40**

8-5-3　8因子の場合

　最後に，8因子の場合も出力してみましょう。［因子の固定数(N)］を「8」として，因子分析を実行してみてください。

　出力の中で，説明された分散の合計を見ます。8因子が抽出されていることを確認しましょう。抽出後，回転前の8因子で全項目の分散を説明する割合は，58.78％です。確かに説明力は上昇しています。

説明された分散の合計

因子	初期の固有値			抽出後の負荷量平方和			回転後の負荷量平方和 [a]
	合計	分散の %	累積 %	合計	分散の %	累積 %	合計
1	7.734	24.948	24.948	6.979	22.512	22.512	6.535
2	4.388	14.154	39.102	3.956	12.761	35.273	4.723
3	2.572	8.298	47.400	2.417	7.798	43.071	3.355
4	1.923	6.204	53.604	1.593	5.140	48.211	4.079
5	1.637	5.281	58.885	1.238	3.992	52.204	1.890
6	1.337	4.312	63.197	.638	2.057	54.261	3.159
7	1.159	3.737	66.935	.611	1.970	56.231	1.936
8	1.089	3.513	70.448	.790	2.547	58.778	1.840
9	.899	2.901	73.350				
10	.825	2.660	76.010				

　8因子解のプロマックス回転後の因子パターンは次のようになります。第1因子から第3因子までの内容は，5因子解のときにも見られた因子と共通しています。しかし，他の因子は5因子解からさらに細かく分解されている印象です。

　5因子解ではどの因子からも大きな負荷量を示さなかった項目（「19. 規則正しい生活をすること」や「22. アルバイトをすること」）も，第7因子で因子を構成しています。しかし，2項目でひとつの因子を構成するというのは，できれば避けた方が良いと考えられます。

第8章　多くの変数の分析（応用編）＜因子分析②＞　　**207**

もしもこの因子が研究に必要なのであれば，この因子を表現する別の項目を加えて再度調査をした方が良いと思われます。

　以上のように，今回は3因子解，5因子解，8因子解を比較してみました。

　ちなみに，最尤法の因子抽出を行っていますので，**適合度検定**の結果が出力されます。これを比較してみましょう。

● 3因子解

適合度検定

カイ2乗	自由度	有意確率
672.103	375	.000

● 5因子解

適合度検定

カイ2乗	自由度	有意確率
476.067	320	.000

● 8因子解

適合度検定

カイ2乗	自由度	有意確率
295.155	245	.016

　これらの結果だけを見ると，8因子解の適合度がもっとも良い数値を示しています（カイ2乗値が小さく，有意ではない方向への値を示しています）。しかし，パターン行列を見る限り，8因子解を採用するのは難しそうです。このことからも，数値だけに従った因子数の決定を行うのではなく，因子の内容に則した因子を抽出するように心がけるのがよいでしょう。

208

	I	II	III	IV	V	VI	VII	VIII
11.信頼を損なう行動をしないこと	**.94**	.03	-.02	.08	.05	-.08	-.07	-.05
02.お互いに信頼しあえる関係をつくること	**.92**	-.08	-.01	.03	.02	-.01	-.21	.11
16.一生つきあっていけるような関係をつくること	**.91**	.10	-.08	.12	-.07	-.02	.11	-.26
28.悩みを話し合える人間関係をつくること	**.90**	-.02	-.02	.07	-.01	.02	.07	-.03
20.真の仲間を見つけること	**.86**	-.07	.07	-.13	.04	.15	-.03	.06
06.知り合いを多く作ること	**.75**	.09	.04	-.21	.01	-.12	.13	.19
31.交友関係を広げること	**.63**	.03	.04	.01	.03	.09	.03	.23
12.自立して生活すること	.01	**.95**	-.02	.00	.05	-.01	-.10	-.18
01.将来の職業について考えること	.11	**.86**	.01	-.21	.04	.15	-.03	-.09
15.将来，何をしていくのかを考えること	-.12	**.85**	-.09	.12	.15	-.10	.00	.10
24.ものごとを自分で解決すること	.07	**.66**	.05	.03	-.05	.06	.14	.13
27.将来の目標をはっきりさせること	.16	.31	.02	.23	-.20	-.12	.19	.31
08.将来の職業に向けて準備をすること	.11	-.03	**.68**	-.01	.04	.13	-.09	-.34
03.幅広い知識を身につけること	-.03	.08	**.64**	.12	-.10	.01	-.27	.18
23.必要なスキルを身につけること	-.06	.03	**.61**	.03	-.06	-.14	.40	-.05
17.海外へ留学する（準備をする）こと	.07	-.19	**.61**	.05	.07	-.14	.15	-.14
29.ボランティア活動をすること	.07	-.03	**.55**	-.03	.11	.14	.06	.04
21.就職に必要なスキルを身につけること	-.08	.04	**.47**	-.09	.16	.05	.07	.06
10.悩みを相談できる年長者と知りあうこと	-.06	.02	**.41**	-.01	-.16	.21	-.06	.00
25.一緒にいて楽しいグループをつくること	.06	-.10	-.28	.25	.18	.21	.21	.08
04.恋愛対象として親しくなること	.06	-.02	-.03	**.85**	-.07	.03	-.17	.05
30.恋愛相手を見つけること	-.02	.03	.12	**.80**	.06	.10	-.09	.02
05.約束の時間を守ること	-.12	-.06	.15	.20	.10	.02	.07	.02
14.まじめに授業に取り組むこと	.09	.08	.07	.03	**.87**	.11	-.05	.09
13.いっしょに勉強する仲間をつくること	-.14	.18	.06	.01	**.56**	-.13	-.08	-.20
07.授業を欠席しないこと	.17	-.10	.03	-.01	**.53**	-.27	-.05	.36
26.集中して授業を聞くこと	-.12	.00	.03	.21	.32	.24	.23	.08
09.新しい関係性をつくること	.01	.05	.13	.11	-.12	**.78**	.09	-.11
18.恋愛に発展する関係をつくること	.02	-.02	.12	.25	.03	.62	.06	-.17
19.規則正しい生活をすること	-.06	-.01	.10	-.13	.05	.00	**.58**	.05
22.アルバイトをすること	.06	.00	-.03	-.06	-.19	.20	**.47**	-.02

8-6 因子分析（最終）

今回は，5因子解を採用することにしましょう。

最終的な因子分析結果までたどり着くためには，いずれの因子からの負荷量も低い質問項目を削り，最終的な因子構造を抽出します。

今回の場合，次の項目は因子負荷量が低いので，削除する候補となります。

25. 一緒にいて楽しいグループをつくること
05. 約束の時間を守ること
19. 規則正しい生活をすること
10. 悩みを相談できる年長者と知りあうこと
22. アルバイトをすること

ただし，これらの項目について，一度に分析から除外することはしないでください。

もっとも影響が少なそうな項目をまず削除し，結果を確認します。次にその表の中でもっともいずれの因子からも因子負荷量が小さな項目を削除し……と，分析を何度も繰り返してください。ある項目を削除すると，それ以前とは因子構造が変わる可能性があるからです。

ではまず，「05. 約束の時間を守ること」を削除します。ここまでと同じ因子分析の指定の仕方ですが，［変数(V)］からこの項目を選択して，左向き矢印ボタン（ ← ）をクリックして左側の枠に戻します。

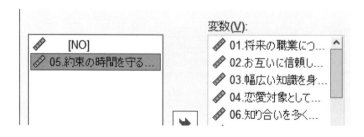

［因子抽出（E）］の抽出の基準，［因子の固定数（N）］で［抽出する因子（T）］を「5」にするのを忘れないようにしてください。

「OK」をクリックして，分析を実行します。

結果は次のようになりました。

やはり，「22. アルバイトをすること」の因子負荷量がいずれも低い値を示しています。一方で，「25. 一緒にいて楽しいグループをつくること」は第3因子に .37，「19. 規則正しい生活をすること」と「10. 悩みを相談できる年長者と知りあうこと」は，第4因子に .38 と，いずれも .40 に近い因子負荷量を示しています。もしかしたら，これらの質問項目については，無理に削除する必要はないかもしれません。

	I	II	III	IV	V
11.信頼を損なう行動をしないこと	**.94**	-.03	.04	-.07	.03
16.一生つきあっていけるような関係をつくること	**.94**	-.03	.07	-.05	.02
28.悩みを話し合える人間関係をつくること	**.93**	-.05	.06	.03	.04
02.お互いに信頼しあえる関係をつくること	**.86**	-.03	.07	-.09	-.08
20.真の仲間を見つけること	**.81**	-.01	.02	.06	.01
06.知り合いを多く作ること	**.78**	.17	-.28	.11	.00
31.交友関係を広げること	**.63**	.14	.09	.07	.00
15.将来，何をしていくのかを考えること	-.09	**.87**	.03	-.11	.13
12.自立して生活すること	.00	**.85**	-.02	-.11	.04
01.将来の職業について考えること	.08	**.84**	-.11	-.02	.05
24.ものごとを自分で解決すること	.11	**.73**	.04	.10	-.03
27.将来の目標をはっきりさせること	.25	**.42**	.11	.10	-.19
04.恋愛対象として親しくなること	.10	-.05	**.87**	-.17	-.14
30.恋愛相手を見つけること	.02	.00	**.85**	.03	.01
18.恋愛に発展する関係をつくること	-.01	-.04	**.67**	.12	.13
09.新しい関係性をつくること	-.03	.10	**.61**	.16	.01
25.一緒にいて楽しいグループをつくること	.12	-.08	.37	-.14	.34
23.必要なスキルを身につけること	.04	-.02	-.10	**.71**	.00
17.海外へ留学する（準備をする）こと	.10	-.27	-.05	**.62**	.05
29.ボランティア活動をすること	.04	.01	.08	**.58**	.06
08.将来の職業に向けて準備をすること	.03	-.15	.13	**.52**	-.04
21.就職に必要なスキルを身につけること	-.10	.07	-.05	**.52**	.14
03.幅広い知識を身につけること	-.11	.17	.22	**.44**	-.33
19.規則正しい生活をすること	.08	.01	-.21	.38	.25
10.悩みを相談できる年長者と知りあうこと	-.12	.06	.15	.38	-.21
22.アルバイトをすること	.18	.01	-.01	.22	.04
14.まじめに授業に取り組むこと	.01	.12	.18	.05	**.76**
13.いっしょに勉強する仲間をつくること	-.18	.05	-.06	.00	**.54**
26.集中して授業を聞くこと	-.09	.03	.37	.14	**.44**
07.授業を欠席しないこと	.15	.02	-.11	.02	**.40**

では,「22. アルバイトをすること」を削除して,もう一度,因子分析を行ってみましょう。

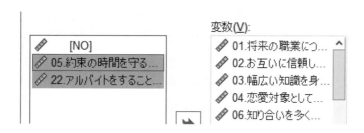

　パターン行列を確認します。「10. 悩みを相談できる年長者と知りあうこと」の第4因子の因子負荷量は .41 となりました。「25. 一緒にいて楽しいグループをつくること」の第3因子の負荷量は .39 とぎりぎり .40 を満たしていない状況です。
　「19. 規則正しい生活をすること」については,あまり大きな負荷量を示しませんでした。

	I	II	III	IV	V
11.信頼を損なう行動をしないこと	**.94**	-.03	.03	-.07	.03
16.一生つきあっていけるような関係をつくること	**.93**	-.03	.07	-.06	.02
28.悩みを話し合える人間関係をつくること	**.93**	-.05	.07	.01	.04
02.お互いに信頼しあえる関係をつくること	**.86**	-.03	.06	-.07	-.08
20.真の仲間を見つけること	**.81**	-.01	.01	.06	.02
06.知り合いを多く作ること	**.78**	.17	-.28	.10	.01
31.交友関係を広げること	**.63**	.14	.09	.08	.00
15.将来，何をしていくのかを考えること	-.09	**.87**	.03	-.11	.12
12.自立して生活すること	.01	**.85**	-.02	-.10	.04
01.将来の職業について考えること	.09	**.84**	-.12	-.01	.06
24.ものごとを自分で解決すること	.11	**.73**	.04	.09	-.03
27.将来の目標をはっきりさせること	.25	**.42**	.12	.09	-.19
04.恋愛対象として親しくなること	.09	-.05	**.87**	-.15	-.16
30.恋愛相手を見つけること	.01	.00	**.85**	.03	-.01
18.恋愛に発展する関係をつくること	-.01	-.04	**.66**	.13	.12
09.新しい関係性をつくること	-.04	.10	**.61**	.17	.00
25.一緒にいて楽しいグループをつくること	.11	-.08	.39	-.16	.32
23.必要なスキルを身につけること	.04	-.02	-.10	**.69**	.02
17.海外へ留学する（準備をする）こと	.10	-.27	-.05	**.62**	.07
29.ボランティア活動をすること	.05	.01	.06	**.59**	.08
08.将来の職業に向けて準備をすること	.04	-.15	.10	**.56**	-.02
21.就職に必要なスキルを身につけること	-.09	.07	-.07	**.53**	.15
03.幅広い知識を身につけること	-.10	.17	.18	**.48**	-.31
10.悩みを相談できる年長者と知りあうこと	-.11	.06	.13	**.41**	-.19
19.規則正しい生活をすること	.07	.01	-.18	.33	.25
14.まじめに授業に取り組むこと	.01	.11	.18	.05	**.77**
13.いっしょに勉強する仲間をつくること	-.17	.05	-.06	.00	**.54**
26.集中して授業を聞くこと	-.09	.03	.39	.12	**.43**
07.授業を欠席しないこと	.15	.02	-.11	.01	**.41**

次は「19.規則正しい生活をすること」を削ってみましょう。

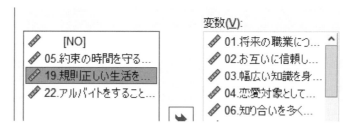

パターン行列を見ましょう。

　次は最後の「07.授業を欠席しないこと」の第5因子の因子負荷量が.39と.40を下回ってしまいましたが，ぎりぎりですので許容範囲内としましょう。また，「26.集中して授業を聞くこと」については，第5因子とともに第4因子にも.39の負荷量を示しています。他の項目については，因子パターンに問題はなさそうです。

	I	II	III	IV	V
11.信頼を損なう行動をしないこと	**.94**	-.03	-.06	.02	.03
16.一生つきあっていけるような関係をつくること	**.93**	-.03	-.07	.08	.00
28.悩みを話し合える人間関係をつくること	**.92**	-.05	.00	.07	.02
02.お互いに信頼しあえる関係をつくること	**.86**	-.03	-.04	.04	-.06
20.真の仲間を見つけること	**.82**	-.02	.09	-.03	.04
06.知り合いを多く作ること	**.78**	.17	.06	-.26	.00
31.交友関係を広げること	**.63**	.14	.08	.08	.01
15.将来，何をしていくのかを考えること	-.09	**.87**	-.12	.05	.12
12.自立して生活すること	.01	**.85**	-.08	-.04	.05
01.将来の職業について考えること	.09	**.84**	.02	-.14	.07
24.ものごとを自分で解決すること	.10	**.73**	.09	.05	-.03
27.将来の目標をはっきりさせること	.23	**.43**	.04	.16	-.22
08.将来の職業に向けて準備をすること	.06	-.16	**.63**	.02	.02
23.必要なスキルを身につけること	.04	-.01	**.63**	-.07	-.01
29.ボランティア活動をすること	.06	.01	**.62**	.01	.10
17.海外へ留学する（準備をする）こと	.11	-.27	**.61**	-.07	.07
03.幅広い知識を身につけること	-.09	.17	**.54**	.12	-.28
21.就職に必要なスキルを身につけること	-.08	.08	**.53**	-.10	.15
10.悩みを相談できる年長者と知りあうこと	-.10	.06	**.45**	.08	-.18
04.恋愛対象として親しくなること	.06	-.05	-.15	**.90**	-.18
30.恋愛相手を見つけること	-.01	-.01	.04	**.86**	-.02
18.恋愛に発展する関係をつくること	-.01	-.04	.18	**.62**	.12
09.新しい関係性をつくること	-.04	.10	.22	**.56**	.01
25.一緒にいて楽しいグループをつくること	.10	-.07	-.20	**.42**	.28
14.まじめに授業に取り組むこと	.04	.11	.06	.15	**.80**
13.いっしょに勉強する仲間をつくること	-.15	.05	.02	-.09	**.56**
26.集中して授業を聞くこと	-.10	.04	.10	.39	**.40**
07.授業を欠席しないこと	.15	.02	-.03	-.09	**.39**

悩むところですが，このまま項目を削除してさらに分析を進めてもよいですし，ここで止めても構いません。もしかしたら，「26. 集中して授業を聞くこと」や「07. 授業を欠席しないこと」を削除していくと，第5因子がうまく構成できず，全体が4因子構造になってしまう可能性もあります。

　ここまでの分析として，最終的な因子分析表を作成する際には，因子負荷量の下に因子間相関の情報を加えましょう。次の表のような感じです。

　第1因子と第2因子（$r = .48$），第3因子と第4因子（$r = .54$）の相関係数が比較的大きいことがわかります。因子間相関の情報は，それぞれの因子どうしが近い位置にあるのか遠い位置にあるのかを表現します。因子の解釈に役立つ可能性もありますので，参考にしながら因子の内容を確認してください。

　それから，それぞれの因子に名前をつけてみてください。どのような名前がふさわしいでしょうか。大学1年生が入学時に回答したということと，項目の内容をふまえて，概念的に適切な名前を考えてみましょう。

	I	II	III	IV	V
11.信頼を損なう行動をしないこと	**.94**	-.03	-.06	.02	.03
16.一生つきあっていけるような関係をつくること	**.93**	-.03	-.07	.08	.00
28.悩みを話し合える人間関係をつくること	**.92**	-.05	.00	.07	.02
02.お互いに信頼しあえる関係をつくること	**.86**	-.03	-.04	.04	-.06
20.真の仲間を見つけること	**.82**	-.02	.09	-.03	.04
06.知り合いを多く作ること	**.78**	.17	.06	-.26	.00
31.交友関係を広げること	**.63**	.14	.08	.08	.01
15.将来，何をしていくのかを考えること	-.09	**.87**	-.12	.05	.12
12.自立して生活すること	.01	**.85**	-.08	-.04	.05
01.将来の職業について考えること	.09	**.84**	.02	-.14	.07
24.ものごとを自分で解決すること	.10	**.73**	.09	.05	-.03
27.将来の目標をはっきりさせること	.23	**.43**	.04	.16	-.22
08.将来の職業に向けて準備をすること	.06	-.16	**.63**	.02	.02
23.必要なスキルを身につけること	.04	-.01	**.63**	-.07	-.01
29.ボランティア活動をすること	.06	.01	**.62**	.01	.10
17.海外へ留学する（準備をする）こと	.11	-.27	**.61**	-.07	.07
03.幅広い知識を身につけること	-.09	.17	**.54**	.12	-.28
21.就職に必要なスキルを身につけること	-.08	.08	**.53**	-.10	.15
10.悩みを相談できる年長者と知りあうこと	-.10	.06	**.45**	.08	-.18
04.恋愛対象として親しくなること	.06	-.05	-.15	**.90**	-.18
30.恋愛相手を見つけること	-.01	-.01	.04	**.86**	-.02
18.恋愛に発展する関係をつくること	-.01	-.04	.18	**.62**	.12
09.新しい関係性をつくること	-.04	.10	.22	**.56**	.01
25.一緒にいて楽しいグループをつくること	.10	-.07	-.20	**.42**	.28
14.まじめに授業に取り組むこと	.04	.11	.06	.15	**.80**
13.いっしょに勉強する仲間をつくること	-.15	.05	.02	-.09	**.56**
26.集中して授業を聞くこと	-.10	.04	.10	.39	**.40**
07.授業を欠席しないこと	.15	.02	-.03	-.09	**.39**

因子間相関		—	.48	.07	.34	.05
	II		—	.03	.24	.18
	III			—	.54	-.07
	IV				—	.14
	V					—

8-7 ここから

　さて，このあとさらに，α（アルファ）係数やω（オメガ）係数を算出して内的整合性を検討し，それぞれの因子に含まれる質問項目の得点を合計したり項目平均値を算出したりして，下位尺度得点を算出します。

　そこから，本書の第1章に戻って復習しながら，分析を進めてみてください。

　何度も手を動かして分析を進めることが，上達の近道です。

　では，頑張ってください！

第8章　多くの変数の分析（応用編）＜因子分析②＞　**219**

索　引

● 数字・英文 ●

1 要因の分散分析	105
2 要因分散分析	147
Bartlett の検定	178
Bonferroni	127
CFA	168
Cohen の d	69, 91
Hedges の g	91
KMO の検定	178
Pearson の積率相関係数	47
p-hacking	84
p 値ハッキング	84
scale	3
Sidak	127
Variance Inflation Factor	120
VIF	120
η^2_p	129

● あ ●

値ラベル	15
アメリカ心理学会（APA）	37
因子	166
因子間相関	168, 183
因子構造行列	182
因子の解釈可能性	180
因子負荷量	168
因子分析	166, 192, 199
オメガ係数	186

● か ●

カイザー基準	176
階層的重回帰分析	156
回転前の因子負荷量	181
確認的因子分析	168
片側 p 値	44
間隔尺度	3

関連（relationship）	163	誤差	168
記述統計量	32, 171	固有値	168, 199
規則	3	固有値の変化	180
帰無仮説	41		
逆転項目	189	● さ ●	
強制投入	117	再検査信頼性	185
共通因子	166, 168	最尤法	176, 200
共通性	168	散布図	57
曲線的	96	サンプルサイズ	82
グラフ	26	尺度	3
クロンバックの α 係数	185	尺度水準	18, 19
結果	117	斜交回転	168, 177
欠損値	17	主因子法	176
原因	117	重回帰分析	116, 155
検証的因子分析	168	主効果	138
減衰状況	180	主成分分析	175
検定力分析	83	順位	2
ケンドールの順位相関係数	50	順位相関係数	56
交互作用	138, 155	順位の安定性	87
交互作用項	157	順序	18

順序尺度	3
初期の固有値	179
除去	117
信頼区間	34
心理尺度	3
水準	105
数字	2
スクリー基準	180
スクリープロット	179, 180, 200
スケール	18
ステップワイズ法	117
スピアマンの順位相関係数	50
正規曲線	27
尖度	35
相関係数	47
相関係数の大きさの解釈	52

● た ●

対応がある	88
対応がない	88

対応のない t 検定	62, 69
多重共線性	120
探索的因子分析（EFA）	168
単純傾斜の検定	159
単純構造	182
単純主効果の検定	152
中心化	155
調整（moderation）	163
調整効果	162
調整変数	162
直接確率計算法	74
直交回転	168, 177
データ	5
適合度検定	181, 208
等分散性の検定	69
独自因子	168
独自性	168
度数分布	37

●な●

内的一貫性	185
内的整合性	185

●は●

媒介（mediation）	163
媒介効果	131
媒介変数	131
パターン行列	182
バリマックス回転	168
ピアソンの積率相関係数	50
ヒストグラム	26, 40
標準化	155
標準偏回帰係数	119
比率尺度	3
プロマックス回転	168, 200
平均値	62
平均値の安定性	87
平均値の差	66
偏イータ2乗	129

偏回帰係数	119
変数増加法	117
変数の型	13
変数ビュー	10
変数名	12
偏相関係数	121, 122
棒グラフ	28

●ま●

名義	18
名義尺度	3

●や●

要因	105

●ら●

ラベル	14
両側p値	44
両側検定	44

●わ●

歪度　　　　　　　　　　　　　36

■著者紹介

小塩　真司（おしお あつし）

　2000 年　名古屋大学大学院教育学研究科博士課程後期課程　修了
　　　　　　　博士（教育心理学）（名古屋大学）　学位取得
　2014 年 4 月より現在　早稲田大学文学学術院教授

主要著書

『SPSS と Amos による心理・調査データ解析［第 4 版］』（東京図書，2023）

『研究事例で学ぶ SPSS と Amos による心理・調査データ解析［第 3 版］』（東京図書，2020）

『研究をブラッシュアップする SPSS と Amos による心理・調査データ解析』（東京図書，2015）

『はじめての共分散構造分析 — Amos によるパス解析［第 2 版］』（東京図書，2014）

『共分散構造分析はじめの一歩』（アルテ，2010）

『心理学の卒業研究ワークブック — 発想から論文完成までの 10 ステージ』（金子書房，2015，共著）

『性格とは何か』（中央公論新社，2020）

『非認知能力 — 概念・測定と教育の可能性』（北大路書房，2021，共著）

『Big Five パーソナリティ・ハンドブック — 5 つの因子から「性格」を読み解く』（福村出版，2023，共著）

Web サイト : https://oshio.w.waseda.jp

入門 ＳＰＳＳによる心理・調査データ解析

2024 年 9 月 25 日　第 1 刷発行

著　者　小　塩　真　司
発行所　東京図書株式会社
〒102-0072　東京都千代田区飯田橋 3-11-19
振替 00140-4-13803 電話 03（3288）9461
URL http://www.tokyo-tosho.co.jp

ISBN　978-4-489-02430-6
© Atsushi OSHIO, 2024, Printed in Japan

● 「テーマ×統計手法別」心理学論文の演習書

テンプレートで学ぶ はじめての 心理学論文・レポート作成

長谷川桐・鵜沼秀行 著
B5 判変形 224 頁 定価 2200 円　ISBN 978-4-489-02279-1

【目次】
第1章　論文・レポートの基礎的な構成と書き方
第2章　テレビ広告の内容分析とクロス集計
第3章　ストループ効果＆ t 検定
第4章　パーソナルスペース＆分散分析
第5章　ミュラー・リヤー錯視と分散分析
第6章　SD 法を用いた国のイメージの測定＆
　　　　因子分析
第7章　知覚される表情の強さの予測＆
　　　　重回帰分析

●論文を読み解くポイントが見えてくる！

心理学・社会科学研究のための 調査系論文の読み方　改訂版

B5 判変形 256 頁 定価 3080 円　ISBN 978-4-489-02349-1

浦上昌則・脇田貴文 著

●論文にまとめるまでの流れがわかる！

教育・心理系研究のための データ分析入門　第 2 版
理論と実践から学ぶ SPSS 活用法

B5 判変形 296 頁 定価 3080 円　ISBN 978-4-489-02262-3

平井明代 編著

東京図書

●心理統計法をはじめて学ぶすべての人に

改訂版
はじめての心理統計法

鵜沼秀行・長谷川桐 著

A5判 304頁 定価2750円　　ISBN 978-4-489-02246-3

【目次】
第1章　統計の勉強をはじめる前に
第2章　データの性質と度数分布
第3章　代表値と散布度
第4章　相関係数と連関係数
第5章　標本と母集団
第6章　統計的仮説の検定と推定
第7章　t検定
第8章　分散分析
第9章　多変量解析

●SPSSを用いた心理学卒論・修論のための本

SPSSによる心理統計

山田剛史・鈴木雅之 著

B5変形判 296頁 定価3080円　　ISBN 978-4-489-02250-0

●レポート・論文での「示しすべき情報」「提示例」を、APAスタイルをもとに解説

心理学・社会学のための
SPSSによるデータ分析

寺島拓幸・廣瀬毅士 著

B5判変形 288頁 定価3080円　　ISBN 978-4-489-02380-4

東京図書